"十四五"时期国家重点出版物出版专项规划项目

"中国山水林田湖草生态产品监测评估及绿色核算"系列丛书

王 兵 ■ 总主编

内蒙古呼伦贝尔市生态空间绿色核算与碳中和研究

牛 香 崔 健 郭 珂 马奎兴
管 刚 王 兵 程 利 陈 波 ■ 著

中国林业出版社
China Forestry Publishing House

图书在版编目(CIP)数据

内蒙古呼伦贝尔市生态空间绿色核算与碳中和研究 / 牛香等著. -- 北京：中国林业出版社，2022.12
("中国山水林田湖草生态产品监测评估及绿色核算"系列丛书)
ISBN 978-7-5219-1851-9

Ⅰ.①内… Ⅱ.①牛… Ⅲ.①生态经济－经济核算－研究－呼伦贝尔市 Ⅳ.①F127.263

中国版本图书馆CIP数据核字(2022)第157994号

审图号：蒙S(2020)027号

策划、责任编辑： 于晓文　于界芬

出版发行	中国林业出版社有限公司（100009 北京西城区德内大街刘海胡同 7 号）
网　　址	http：//www.forestry.gov.cn/lycb.html
电　　话	(010) 83143542
印　　刷	河北京平诚乾印刷有限公司
版　　次	2022 年 12 月第 1 版
印　　次	2022 年 12 月第 1 次印刷
开　　本	889mm×1194mm　1/16
印　　张	10.75
字　　数	240 千字
定　　价	98.00 元

未经许可，不得以任何方式复制或抄袭本书之部分或全部内容。

版权所有　侵权必究

《内蒙古呼伦贝尔市生态空间绿色核算与碳中和研究》著者名单

项目完成单位：

中国林业科学研究院森林生态环境与自然保护研究所

中国森林生态系统定位观测研究网络（CFERN）

国家林业和草原局"典型林业生态工程效益监测评估国家创新联盟"

呼伦贝尔市林业和草原局

呼伦贝尔市林业和草原科学研究所

北京市农林科学院

项目首席科学家：

王　兵　中国林业科学研究院森林生态环境与自然保护研究所

项目组成员（按姓氏笔画排序）：

王以惠	王立军	王　兵	王　南	王　强	王　慧	牛　香
毛弘宇	白玉荣	宁心哲	吕　琳	任丽媛	刘　艳	刘　润
刘萍萍	刘礴霏	齐雅静	许庭毓	牟亚男	孙双红	孙玉芬
寿　烨	杜佳洁	李向飞	李　昕	李　欣	李艳红	李艳秋
李婉婷	李慧杰	邱晓涵	宋庆丰	宋来萍	宋嫣然	迟晓雪
张金旺	陈　波	罗佳妮	金　磊	胡明生	胡新培	段玲玲
郭明英	郭　珂	郭雅君	常金财	韩照日格图	景　璐	鲁海涛

编写组成员：

牛　香　崔　健　郭　珂　马奎兴　管　刚　王　兵　程　利
陈　波

特别提示

1. 生态空间是指具有自然属性，以提供生态服务或生态产品为主体功能的国土空间，包括森林、草原、湿地、河流、湖泊、滩涂、岸线、荒地、荒漠、戈壁、冰川、高山冻原、无居民海岛等，本研究所指的生态空间主要包括森林、湿地和草地生态系统。

2. 基于生态空间生态系统连续观测与清查体系，开展呼伦贝尔市生态空间绿色核算与碳中和研究，包括海拉尔区、满洲里市、牙克石市、扎兰屯市、额尔古纳市、根河市、阿荣旗、陈巴尔虎旗、鄂伦春自治旗、新巴尔虎左旗、新巴尔虎右旗、鄂温克族自治旗和莫力达瓦达斡尔族自治旗等13个旗市区。其中，本次核算不包括松岭和加格达奇地区。

3. 评估所采用的数据源包括：①呼伦贝尔市森林、湿地、草地资源调查更新数据：按照《自然资源调查监测体系构建总体方案》的框架，呼伦贝尔市森林、湿地、草地资源调查更新数据与第三次全国国土调查数据对接融合，得到的资源数据；②生态系统生态连清数据集：呼伦贝尔市境内及周边陆地生态系统野外科学观测研究站和长期定位观测研究站的长期监测数据；③社会公共数据集：国家权威部门、内蒙古自治区及呼伦贝尔市公布的社会公共数据。

4. 依据国家标准《森林生态系统服务功能评估规范》（GB/T 38582—2020）、林业行业标准《湿地生态系统服务评估规范》（LY/T 2899—2017）以及《草原生态评价技术方案》，按照支持服务、调节服务、供给服务和文化服务四大服务类别，保育土壤、植被养分固持、涵养水源、固碳释氧、净化大气环境与降解污染物、森林防护、生物多样性与栖息地保护、提供产品、湿地水源供给和生态康养10项功能类别对呼伦贝尔市生态空间生态产品进行核算。

5. 当现有的野外观测值不能代表同一生态单元同一目标林分类型的结构或功能时，为更准确获得这些地区生态参数，引入森林生态系统服务修正系数，以反映同一林分类型在同一区域的真实差异。

凡是不符合上述条件的其他研究结果均不宜与本研究结果简单类比。

前　言

　　林草兴则生态兴，生态兴则文明兴。

　　2018年5月，习近平总书记在全国生态环境保护大会上发表的重要讲话指出："生态兴则文明兴，生态衰则文明衰"。2022年3月30日，习近平总书记在参加首都义务植树活动时强调森林是水库、钱库、粮库，现在应该再加上一个"碳库"。此外，森林还是"基因库""氧吧库"。森林和草原对国家生态安全具有基础性、战略性作用，林草兴则生态兴。现在，我国生态文明建设进入了实现生态环境改善由量变到质变的关键时期。我们要坚定不移贯彻新发展理念，坚定不移走生态优先、绿色发展之路，统筹推进山水林田湖草沙一体化保护和系统治理，科学开展国土绿化，提升林草资源总量和质量，巩固和增强生态系统碳汇能力，为推动全球环境和气候治理、建设人与自然和谐共生的现代化作出更大贡献。

　　2021年，习近平总书记在参加全国"两会"内蒙古代表团审议时，对内蒙古大兴安岭森林与湿地生态系统每年6159.74亿元的生态服务价值评估作出肯定，"你提到的这个生态总价值，就是绿色GDP的概念，说明生态本身就是价值。这里面不仅有林木本身的价值，还有绿肺效应，更能带来旅游、林下经济等。'绿水青山就是金山银山'，这实际上是增值的。"习近平总书记的"两山"理念为我国生态文明建设指明了方向。

　　2009年，基于第七次全国森林资源清查数据的森林生态系统服务评估结果公布，全国生态服务功能价值量为10.01万亿元/年；2014年，国家林业局和国家统计局联合公布了第二期（第八次森林资源清查数据）全国森林生态系统服务功能总价值量为12.68万亿元/年；2021年3月12日，国家林业和草原局、国家统计局联合组织发布了"中国森林资源核算"最新成果（第九次森林资源清查数据），全国森林生态系统服务价值为15.88万亿元。近40年间，我国森林生态功能显著增强。

　　目前，碳中和问题成为政府和社会大众关注的热点。在实现碳中和的过程中，除了提升工业碳减排能力外，增强生态系统碳汇功能也是主要的手段之一，森林作为陆地生态系统的主体必将担任重要的角色。但是，由于碳汇方法学上的缺陷，我国森林生态系统碳汇能力被低估。为此，中国林业科学研究院王兵研究员提出了森林全口径碳汇，即森林全口径碳汇=森林资源碳汇（乔木林+竹林+特灌林）+疏林地碳汇+未成林造林地碳汇+非特灌林灌木林碳汇+苗圃地碳汇+荒山灌丛碳汇+城区和乡村绿化散生林木碳汇。第三期中国森林资源核算得出，我国森林全口径碳汇每年达4.34亿吨碳当量，相当于中和了2018年工业碳排放量的15.91%，且近40年来我国森林全口径碳汇量相当于中和了1978—2018年全国工业碳排放量的21.55%。因此，可通过以生态系统保护与修复为手段的生态环境保护，提升全国森林全口径碳汇能力，提升林业在碳达峰、碳中和工作中的贡献，打造具有中国特色的碳中和之路。

第三次全国国土调查是一次重大国情国力调查，也是国家制定经济社会发展重大战略规划、重要政策举措的基本依据。2021年8月26日上午，自然资源部召开新闻发布会，公布第三次全国国土调查主要数据成果。数据显示，我国耕地面积12786.19万公顷，园地3亿亩*，林地42.6亿亩，草地39.67亿亩，湿地3.5亿亩，建设用地6.13亿亩；10年间，生态功能较强的林地、草地、湿地、河流水面、湖泊水面等地类合计净增加了2.6亿亩，可以看出我国生态建设取得了积极成效。

呼伦贝尔市地处内蒙古自治区东北部，以境内呼伦湖和贝尔湖得名，南部与兴安盟相连，东部以嫩江为界与黑龙江省为邻，北和西北部以额尔古纳河为界与俄罗斯接壤，西和西南部同蒙古国交界，独特的地理位置造就了多样的生态系统类型，主要包括森林、湿地和草地生态系统，是我国原生态保存完好的地区之一，素有"北国碧玉"和"绿色净土"之称。大兴安岭森林在呼伦贝尔市的面积达13万平方千米，既处于东北森林带的核心腹地、北方防沙带的前沿阵地，又处于国家重点生态功能区中的大小兴安岭森林生态功能区，也是水源涵养生态功能区。如果把青海的三江源誉为"高海拔中华水塔"，那么大兴安岭就是名副其实、当之无愧的"高纬度中华水塔"，与青海三江源遥相呼应。呼伦贝尔草原位于大兴安岭西麓的呼伦贝尔高原上，是我国温带草甸草原分布最集中、最具代表性的地区。此外，呼伦贝尔河流、

---
* 1亩=0.067公顷

湿地星罗棋布，有嫩江、额尔古纳河两大水系，河流、湖泊众多，湿地生物多样性丰富，生长着2000多种植物，栖息着700多种兽类和禽类。呼伦贝尔市完整的自然生态系统，是东北亚生物圈的重要组成部分，是内蒙古自治区、东北乃至国家的重要自然生态屏障，其独特的生态环境发挥着不可替代的生态服务功能。

在我国生态安全战略格局建设的大形势下，精准量化绿水青山生态建设成效，科学评估金山银山生态产品价值，是深入贯彻和践行"两山"理念的重要举措和当务之急。生态功能评估的精准化、生态效益补偿的科学化、生态产品供给的货币化是实现绿水青山向金山银山转化的必由之路。为更好地践行习近平总书记提出的"两山"理念和"3060碳达峰碳中和"战略目标，以及绿色发展理念，积极推动生态文明建设，2021年6月1日，呼伦贝尔市林业和草原局、中国林业科学研究院森林生态环境与自然保护研究所在北京举行"呼伦贝尔市生态空间绿色核算与碳中和研究项目"签约仪式。呼伦贝尔市以境内及周边陆地生态系统野外科学观测研究站和长期定位观测研究站的长期监测数据为技术依托，结合其森林、湿地、草地资源的实际情况，基于呼伦贝尔市森林、湿地、草地资源调查更新数据与第三次全国国土调查数据对接融合得到的资源数据，以国家标准《森林生态系统服务功能评估规范》（GB/T 38582—2020）、林业行业标准《湿地生态系统服务评估规范》（LY/T 2899—2017）以及《草原生态评价技术方案》为依据，采用分布式测算方法，按照支持服务、调节服务、供给服务和文化服务四大服务类别，保育土壤、植被养分固持、涵养水源、固碳释氧、净化大气环境与降解污染物、森林防护、生物多样性与栖息地保护、提供产品、湿地水源供给和生态康养共10项生态系统服务功能对呼伦贝尔市生态空间生态产品及森林全口径碳中和进行核算。评估结果显示：呼伦贝尔市2020年生态空间总价值量为12310.27亿元/年，其中支持服务1918.14亿元/年、调节服务6744.52亿元/年、供给服务3002.48亿元/年、文化服务645.13亿元/年；另外，呼伦贝尔市森林全口径碳中和量（碳当量）为1203.65万吨/年，相当于中和了2019年内蒙古自治区碳排放量的6.40%，显著发挥了森林碳中和作用。

呼伦贝尔市生态空间生态产品绿色核算以直观的货币形式呈现了森林、湿地和草地生态系统为人们提供生态产品的服务价值，用详实的数据诠释了"绿水青山就是金山银山"理念，充分反映了呼伦贝尔市生态建设效果，对确定森林在生态环境建设中的主体地位和作用具有非常重要的意义，有助于推动呼伦贝尔市生态空间提供更多更优质的生态产品以及生态效益科学量化补偿和生态 GDP 核算体系的构建，进而推进呼伦贝尔市森林、湿地、草地资源由直接产品生产为主转向生态、经济、社会三大效益统一的科学发展道路，为实现习近平总书记提出的林业工作"三增长"目标提供技术支撑，并对构建生态文明制度、全面建成小康社会、实现中华民族伟大复兴的中国梦不断创造更好的生态条件。

著　者

2022年6月

目 录

前 言

第一章 呼伦贝尔市生态空间生态连清技术体系
第一节 野外观测连清体系 ……………………………………… 3
第二节 分布式测算评估体系 …………………………………… 7

第二章 呼伦贝尔市生态空间资源概况
第一节 森林资源 ………………………………………………… 45
第二节 湿地资源 ………………………………………………… 55
第三节 草地资源 ………………………………………………… 60

第三章 呼伦贝尔市生态空间绿色核算
第一节 生态空间绿色核算结果综合分析 ……………………… 67
第二节 生态空间"四大服务"绿色核算结果 ………………… 71
第三节 生态空间生态产品绿色核算结果 ……………………… 75

第四章 呼伦贝尔市森林全口径碳中和分析
第一节 森林全口径碳中和研究意义 …………………………… 85
第二节 森林全口径碳汇评估方法 ……………………………… 89
第三节 森林全口径碳中和评估结果 …………………………… 94
第四节 碳中和价值实现路径典型案例 ………………………… 96

第五章 呼伦贝尔市典型生态产品禀赋分析与价值化实现路径设计
第一节 典型生态产品禀赋研究方法 …………………………… 102
第二节 典型生态产品禀赋分析 ………………………………… 103
第三节 生态产品价值化实现路径设计 ………………………… 112

参考文献 …………………………………………………………… 126

附 表

表1　环境保护税税目税额······133
表2　应税污染物和当量值······134
表3　IPCC推荐使用的生物量转换因子（BEF）······138
表4　不同树种组单木生物量模型及参数······138

附 件

"'绿水青山就是金山银山'是增值的"（节选）······139
中国森林生态系统服务评估及其价值化实现路径设计······140
基于全口径碳汇监测的中国森林碳中和能力分析······151

第一章
呼伦贝尔市生态空间生态连清技术体系

森林、湿地和草地等生态系统为主体构成的生态空间为人类生存提供各种各样的生态产品，在生态文明建设中发挥着重要作用。在我国生态安全战略格局建设的大形势下，精准量化呼伦贝尔市生态空间生态产品价值，摸清呼伦贝尔市生态空间生态产品状况、功能效益，是深入贯彻落实"两山"理念，用系统观念推进山水林田湖草沙综合治理，实现"3060碳达峰碳中和"战略目标，推动呼伦贝尔市生态文明建设及其高质量发展的重要任务。

> 生态空间：指具有自然属性，以提供生态服务或生态产品为主体功能的国土空间，包括森林、草原、湿地、河流、湖泊、滩涂、岸线、荒地、荒漠、戈壁、冰川、高山冻原、无居民海岛等，本研究所指的生态空间主要包括森林、湿地、草地生态系统。

生态产品中的"产品"一词在现代汉语词典中被解释为"生产出来的物品"，生态产品概念首次被提出是在2010年国务院发布的《全国主体功能区划》中，被定义为："维系生态安全、保障生态调节功能、提供良好人居环境的自然要素，包括清新的空气、清洁的水源和宜人的气候等"。生态产品同农产品、工业品和服务产品一样，都是人类生存发展所必需的。此时生态产品概念的提出仅仅是为我国制定主体功能区规划提供重要的科学依据和基础，其目的是为了解决国土空间优化问题。

曾贤刚等（2014）认为生态产品是指维持生命支持系统、保障生态调节功能、提供环境舒适性的自然要素，包括干净的空气、清洁的水源、无污染的土壤、茂盛的森林和适宜的气候等。孙庆刚等（2015）认为生态产品本身是自然的产物，并不是人类生产或创造的，但从人类需求的角度观察，该类产品又是不可或缺的，与物质产品、文化产品一起构成支撑现代人类社会生存和发展的三大类产品。鉴于"生态产品"的两种概念具有完全不同的内涵与外延，经济学属性差别较大，其建议今后学术研究中对所提到的生态产品必须明确界定其涵义。

高晓龙等（2020）通过对生态产品价值实现相关研究综述认为，生态系统调节服务是狭义上的生态产品，而广义上的生态产品则是具有正外部性的生态系统服务，包括生态有机产品、调节服务、文化服务等。自然资源部有关部门认为能够增进人类福祉的产品和服务来源于自然资源生态产品和人类的共同作用，这就是生态产品概念的内涵和外延(张兴和姚震，2020)。王金南等（2021）将生态产品定义为生态系统通过生态过程或与人类社会生产共同作用为增进人类及自然可持续福祉提供的产品和服务。张林波等（2021）将生态产品定义为"生态系统生物生产和人类社会生产共同作用提供给人类社会使用和消费的终端产品或服务，包括保障人居环境、维系生态安全、提供物质原料和精神文化服务等人类福祉或惠益，是与农产品和工业产品并列的、满足人类美好生活需求的生活必需品"。与上述已有生态产品的定义相比，该研究对生态产品概念的定义具有3个鲜明的特点：①将生态产品定义局限于终端的生态系统服务；②明确了生态产品的生产者是生态系统和人类社会；③明确了生态产品含有人与人之间的社会关系。

上述关于生态产品的定义均是基于《全国主体功能区划》中生态产品定义发展而来，相关定义中，张林波等（2021）对生态产品的定义较为清晰，但是其所定义的生态产品所涵盖的内容范围小于生态系统服务，只是生态系统服务中直接对人类社会有益、直接被人类社会消费的服务和产品，不包含生态系统服务中的支持服务、间接过程和资源存量。由此看来，该定义与本研究中生态产品所指范围不相符，其余研究者对生态产品的定义也大都未将生态系统四大服务都包含在内。鉴于此，参考以上生态产品定义和和国家标准 GB/T 38582—2020 中"森林生态产品"定义，结合本研究内容，定义生态产品。

> 生态产品：指人类从生态空间中获得的各种惠益，本研究具体指由构成生态空间的森林、草地、湿地生态系统提供的供给服务、调节服务、文化服务和支持服务所形成的产品。

生态连清技术体系可以为呼伦贝尔市生态空间生态产品的精准核算提供科学依据。生态连清技术体系是采用长期定位观测技术和分布式测算方法，依托生态系统长期定位观测网络，连续对同一生态系统进行全指标体系观测与清查，获取长期定位观测数据，耦合生态空间森林、湿地、草地资源数据，形成生态空间生态产品绿色核算体系，以确保生态空间生态产品绿色核算的科学性、合理性和精准性。

呼伦贝尔市生态空间生态产品监测与评估基于呼伦贝尔市生态空间生态产品连续观测与清查体系（简称"生态连清体系"）（图1-1），指以生态地理区划为单位，呼伦贝尔市境内及周边陆地生态系统野外科学观测研究站和长期定位观测研究站，与呼伦贝尔市森林、湿地、草地资源更新数据相耦合，对呼伦贝尔市生态空间生态产品进行全指标、全周期、全口径观测与评估。

呼伦贝尔市生态空间生态产品连清技术体系由野外观测连清体系和分布式测算评估体系两部分组成，生态空间生态产品连清技术体系的内涵主要反映在这两大体系中。野外观测连清体系包括观测体系布局、观测站点建设、观测标准体系和观测数据采集传输系统，是数据保证体系，其基本要求是统一测度、统一计量、统一描述。分布式测算评估体系包括分布式测算方法、测算评估指标体系、数据源耦合集成、生态系统服务修正系数和评估公式与模型包，是精度保证体系，可以解决生态空间异质性交错，生态功能结构复杂，生态产品类型多样，生态状况变化多端导致的测算精度难以准确到全生态空间、全口径、全周期、全指标的最前沿科学问题。

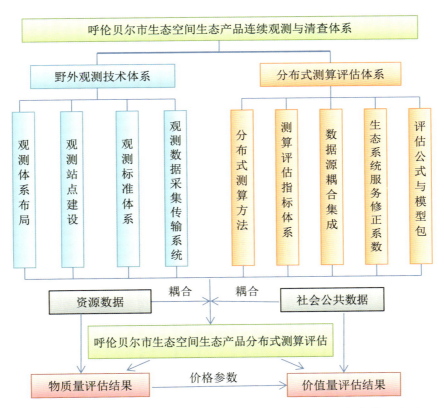

图 1-1　呼伦贝尔市生态空间生态产品连续观测与清查体系框架

第一节　野外观测连清体系

一、观测体系布局与建设

野外观测技术体系是构建呼伦贝尔市生态空间生态产品生态连清体系的重要基础，为了做好这一基础工作，需要考虑如何构架观测体系布局。陆地生态系统定位观测研究站与呼伦贝尔市及周边各类森林、湿地、草地监测点作为呼伦贝尔市生态空间生态产品监测的两大平台，建设时坚持"统一规划、统一布局、统一建设、统一规范、统一标准、资源整合、数据共享"原则。

生态空间监测站网布局是以典型抽样为指导思想，以水热分布和立地条件为布局基础，选择具有典型性、代表性和层次性明显的区域完成森林、草地、湿地生态站网布局。例如森林生态站网布局，首先，依据《中国森林区划》（吴中伦，1997）和《中国生态地理区域系统研究》（郑度，2008）两大区划体系完成呼伦贝尔市森林生态区划，并将其作为森林生态站网布局的基础。其次，将呼伦贝尔市境内属于国家重点生态功能区、国家生态屏障区、生物多样性保护优先区、全国重要生态系统保护和修复重大工程区的区域作为森林生态站的重点布局区域（郭慧，2014）。最后，将呼伦贝尔市森林生态区划和重点森林生态站布局区域相结合布局森林生态站，确保每个森林生态区内至少有一个森林生态站。此外，森林生态分区内如有国家重点生态功能区、国家生态屏障区、生物多样性保护优先区、全国重要生态系统保护和修复重大工程区，则优先布局森林生态站。

> 森林生态系统定位观测研究站（简称"森林生态站"）是通过在典型森林地段建立长期观测点与监测样地，对森林生态系统的组成、结构、生产力、养分循环、水循环和能量利用等在自然状态下或某些人为活动干扰下的动态变化格局与过程进行长期定位观测，阐明森林生态系统发生、发展、演替的内在机制和自身的动态平衡，以及参与生物地球化学循环过程的长期定位观测站点。

呼伦贝尔市生态系统野外科学观测研究站和长期定位观测研究站（简称：生态监测站）在生态产品监测评估与绿色核算中扮演着极其重要的角色。本次评估所采用的数据主要来源于呼伦贝尔市境内的生态监测站，并利用周边相同生态区位站点及中国科学院、北京林业大学、东北林业大学、内蒙古农业大学建立的实验样地对数据进行补充和修正。这些生态站中，森林生态站包括内蒙古境内的大兴安岭站、呼伦贝尔沙地樟子松林站、特金罕山站、赛罕乌拉站、赤峰站和七老图山站等，以及黑龙江省境内的漠河站和嫩江源站，河北省境内的塞罕坝站；湿地生态站包括内蒙古境内的大兴安岭汗马站、额尔古纳站、呼伦湖站，黑龙江境内的三江平原站、扎龙站以及吉林境内的莫莫格站和查干湖站；草原生态站为内蒙古呼伦贝尔站。

目前，呼伦贝尔市及周围的生态监测站和辅助监测点在空间布局上能够充分体现区位优势和地域特色，兼顾了生态监测站在国家和地方等层面的典型性和重要性，并且已形成了层次清晰、代表性强的生态空间监测站网，可以负责相关站点所属区域的生态连清野外监测工作（图1-2、表1-1）。

图 1-2　呼伦贝尔市陆地生态系统野外科学观测研究站布局

表 1-1　呼伦贝尔市所处生态区森林、湿地、草地生态站基本情况

生态空间	生态区	地带性森林、湿地、草原类型	野外科学观测站	地点
森林生态系统	东北温带针叶林及针阔叶混交林地区	大兴安岭山地兴安落叶松林区	内蒙古大兴安岭森林生态站	内蒙古根河市
			黑龙江漠河森林生态站	黑龙江漠河县
			黑龙江嫩江源森林生态站	黑龙江大兴安岭地区
	内蒙古东部森林草原及草原地区	呼伦贝尔及内蒙古东南部森林草原区	内蒙古呼伦贝尔沙地樟子松林生态站	内蒙古鄂温克族自治旗
			内蒙古特金罕山森林生态站	内蒙古扎鲁特旗
			内蒙古赛罕乌拉森林生态站	内蒙古巴林右旗
			内蒙古赤峰森林生态站	内蒙古赤峰市
			内蒙古七老图山森林生态站	内蒙古喀喇沁旗
			河北塞罕坝森林生态站	河北围场县
湿地生态系统	东北湿地区	森林沼泽	内蒙古大兴安岭汗马湿地生态站	内蒙古根河市
			内蒙古额尔古纳湿地生态站	内蒙古额尔古纳市

（续）

生态空间	生态区	地带性森林、湿地、草原类型	野外科学观测站	地点
湿地生态系统	东北湿地区	草本沼泽	黑龙江三江平原湿地生态站	黑龙江同江市
			黑龙江扎龙湿地生态站	黑龙江齐齐哈尔市
			吉林莫莫格湿地生态站	吉林白城市
			吉林查干湖湿地生态站	吉林松原市
		永久性淡水湖	内蒙古呼伦湖湿地生态站	内蒙古新巴尔虎右旗
草地生态系统	蒙宁干旱半干旱草原生态区	内蒙古呼伦贝尔草甸草原、典型草原、疏林草地	内蒙古呼伦贝尔草原生态站	内蒙古海拉尔区

借助上述生态监测站以及辅助监测点，可以满足呼伦贝尔市生态空间生态产品监测评估和科学研究需求。随着政府对生态环境建设形势认识的不断发展，必将建立起呼伦贝尔市生态空间生态产品监测的完备体系，为科学全面地评估呼伦贝尔市生态建设成效奠定坚实的基础。同时，通过各生态监测站长期、稳定地发挥作用，必将为健全和完善国家生态监测网络，特别是构建完备的林业及其生态建设监测评估体系作出重大贡献。

二、监测评估标准体系

监测评估标准体系是生态连清体系的基本法则。呼伦贝尔市森林生态产品的监测与评估严格依据国家标准《森林生态系统长期定位观测研究站建设规范》（GB/T 40053—2021）、《森林生态系统长期定位观测指标体系》（GB/T 35377—2017）、《森林生态系统长期定位观测方法》（GB/T 33027—2016）和《森林生态系统服务功能评估规范》（GB/T 38582—2020），4项国家标准之间的逻辑关系从"如何建站"到"观测什么"再到"如何观测"以及"如何评估"（图1-3、图1-4），严格规范了森林生态连清体系的标准化工作流程。湿地生态产

图1-3　生态空间生态产品监测评估标准体系（以森林为例）

图 1-4 生态空间监测评估标准体系逻辑关系（以森林为例）

品监测依据国家标准《重要湿地监测指标体系》（GB/T 27648—2011）和林业行业标准《湿地生态系统服务评估规范》（LY/T 2899—2017）开展监测评估工作。草地生态产品监测与评估根据《草地气象监测评价方法》（GB/T 34814—2017）和《北方草地监测要素与方法》（QX/T 212—2013）开展监测评估工作。

呼伦贝尔市生态空间生态连清监测评估所依据的标准体系包括从生态系统服务功能监测站点建设到观测指标、观测方法、数据管理乃至数据应用各方面的标准。这一系列的标准化保证了不同站点所提供呼伦贝尔市生态空间生态连清数据的准确性和可比性，为呼伦贝尔市生态空间生态产品绿色核算与碳中和研究的顺利进行提供了保障。

第二节　分布式测算评估体系

一、分布式测算方法

分布式测算源于计算机科学，是研究如何把一项整体复杂的问题分割成相对独立运算的单元，并将这些单元分配给多个计算机进行处理，最后将计算结果统一合并得出结论的一种科学计算方法。分布式测算方法被用于使用世界各地成千上万位志愿者的计算机的闲置计算能力，来解决复杂的数学问题，如 GIMPS（搜索梅森素数的分布式网络计算）和研究寻找最为安全的密码系统如 RC4 等，这些项目都很庞大，需要惊人的计算量，而分布式测算研究如何把一个需要非常巨大计算能力才能解决的问题分成许多小的部分，并分配给许多计算机进行处理，最后把这些计算结果综合起来得到最终的结果。随着科学的发展，分布式测算是一种廉价的、高效的、维护方便的计算方法。

> **分布式测算方法**：将复杂的生态系统服务功能测算整体过程分割成不同层次、若干个相对独立运算的均质单元，再将这些均质单元分别测算并逐级累加的一种科学测算方法。

呼伦贝尔市生态空间生态产品的测算是一项非常庞大、复杂的系统工程，适合划分成多个均质化的生态测算单元开展评估（牛香和王兵，2012；Niu et al.，2013）。因此，分布式测算方法是目前评估呼伦贝尔市生态空间生态产品所采用的较为科学有效的方法，并且通过诸多森林生态系统服务功能评估案例证实（王兵等，2020；李少宁，2007），分布式测算方法能够保证评估结果的准确性及可靠性。

基于全空间、全指标、全口径、全周期的"四全"评估构架，利用分布式测算方法评估呼伦贝尔市生态空间生态产品的具体思路（图1-5）：将呼伦贝尔市生态空间按照支持服务、调节服务、供给服务和文化服务四大类别划分为一级分布式测算单元；每个一级分布式测算单元按照旗市区（扎赉诺尔区除外）划分为13个二级分布式测算单元；每个二级分布式测算单元按照生态系统类型划分为森林、草地和湿地3个三级分布式测算单元；每个三级分布式测算单元划分为10个林分类型、3个草地类型和5个湿地类型的四级分布式测算单元；每个四级分布式测算单元按照保育土壤、植被养分固持、涵养水源、固碳释氧、净化大气环境与降解污染物、森林防护、提供产品、生物多样性与栖息地保护、生态康养等功能类别划分为25个森林指标类别、21个草地指标类别和18个湿地指标类别的五级分布式测算单元。基于以上分布式测算单元划分，本次评估共划分成1122个相对均质的生态空间生态产品评估单元。

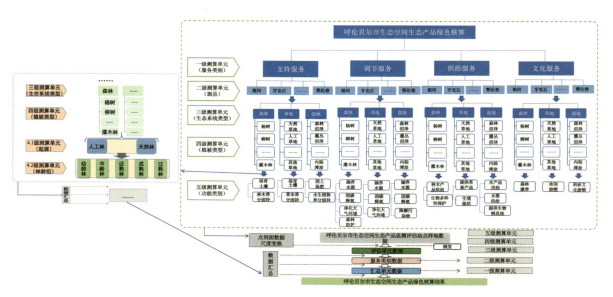

图1-5　呼伦贝尔市生态空间生态产品分布式测算方法

注：其中，森林的四级分布式测算单元按照林分起源划分为2个4.1级测算单元；将每个4.1级分布式测算单元划分为幼龄林、中龄林、近熟林、成熟林和过熟林5个4.2级分布式测算单元。

二、监测评估指标体系

依据国家标准《森林生态系统服务功能评估规范》（GB/T 38582—2020）、林业行业标准《湿地生态系统服务评估规范》（LY/T 2899—2017）以及《草原生态评价技术方案》，按照支持服务、调节服务、供给服务和文化服务四大服务类别对生态空间生态产品进行核算（图 1-6）。

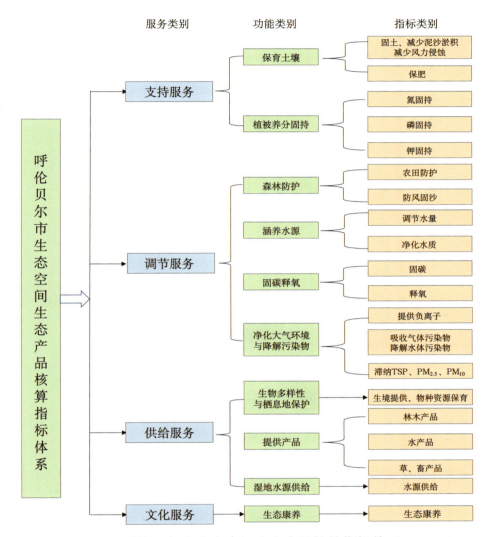

图 1-6 呼伦贝尔市生态空间生态产品核算指标体系

三、数据来源与耦合集成

呼伦贝尔市生态空间生态产品绿色核算分为物质量和价值量两部分。物质量评估所需数据包括呼伦贝尔市生态空间生态连清数据集和呼伦贝尔市 2020 年森林、湿地、草地资源调查更新数据集；价值量评估所需数据除以上两个来源外，还包括社会公共数据集（图 1-7）。

数据来源主要包括以下三部分：

1. 生态空间生态连清数据集

生态监测数据集主要来源于呼伦贝尔市境内及周边陆地生态系统野外科学观测研究站和定位观测研究站的野外长期定位连续观测数据集。

2. 森林、湿地、草地资源调查更新数据

按照《自然资源调查监测体系构建总体方案》的框架，将呼伦贝尔市森林、湿地、草

地资源调查更新数据与第三次全国国土调查（简称国土"三调"）数据对接融合得到的资源数据。

3. 社会公共数据集

社会公共数据主要采用我国权威机构公布的社会公共数据，分别来源于《中华人民共和国水利部水利建筑工程预算定额》、中国农业信息网（http：//www.agri.cn/）、中华人民共和国国家卫生健康委员会（http：//www.nhc.gov.cn）、《中华人民共和国环境保护税法》、内蒙古自治区物价局网站（http://www.qianlima.com/jg780018/）、内蒙古自治区发展和改革委员会网站（http：//fgw.nmg.gov.cn/）、《中国林业和草原统计年鉴》、《内蒙古自治区统计年鉴（2020）》和《呼伦贝尔市统计年鉴（2020）》等。

将上述三类数据源有机地耦合集成（图1-7），应用于一系列的评估公式中，即可获得呼伦贝尔市生态空间生态产品绿色核算结果。

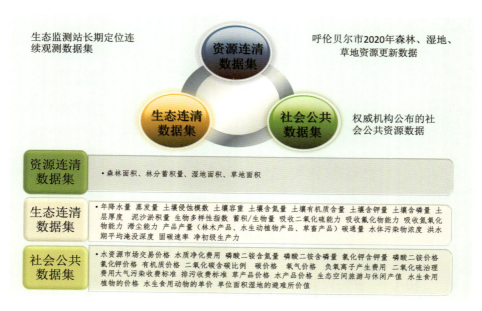

图1-7　呼伦贝尔市生态空间生态产品数据源耦合集成

四、生态系统服务修正系数

在野外数据观测中，研究人员仅能够得到观测站点附近的实测生态数据，对于无法实地观测到的数据，则需要一种方法对已经获得的参数进行修正，例如森林生态系统引入了森林生态系统服务修正系数（Forest Ecological Service Correction Coefficient，简称FES-CC）。FES-CC是指评估林分生物量和实测林分生物量的比值，它反映森林生态服务评估区域森林的生态质量状况，还可以通过森林生态功能的变化修正森林生态服务的变化。

森林生态系统服务价值的合理测算对绿色国民经济核算具有重要意义，社会进步程度、经济发展水平、森林资源质量等对森林生态系统服务均会产生一定影响，而森林自身结构和功能状况则是体现森林生态系统服务可持续发展的基本前提。"修正"作为一种状态，表明系统各要素之间具有相对"融洽"的关系。当用现有的野外实测值不能代表同一生态单元同一目标优势树种（组）的结构或功能时，就需要采用森林生态系统服务修正系数客观地从生态学精度的角度反映同一优势树种（组）在同一区域的真实差异。其理论公式：

$$\text{FES-CC} = \frac{B_e}{B_o} = \frac{\text{BEF} \cdot V}{B_o} \tag{1-1}$$

式中：FES-CC——森林生态系统服务修正系数（以下简称 F）；

B_e——评估林分生物量（千克/立方米）；

B_o——实测林分生物量（千克/立方米）；

BEF——蓄积量与生物量的转换因子；

V——评估林分的蓄积量（立方米）。

实测林分的生物量可以通过森林生态连清的实测手段来获取，而评估林分的生物量在呼伦贝尔市森林资源清查和造林工程调查中还没有完全统计。因此，通过评估林分蓄积量和生物量转换因子（BEF）来测算评估林分的生物量（方精云等，1996；Fang et al.，1998，2001）。

五、核算公式与模型包

呼伦贝尔市生态空间生态产品绿色核算主要是从物质量和价值量的角度对该区域生态空间提供的各项生态产品进行定量评估；价值量评估是指从货币价值量的角度对该区域生态空间提供的生态产品价值进行定量评估，在价值量评估中，主要采用等效替代原则，并用替代品的价格进行等效替代核算某项评估指标的价值量。同时，在具体选取替代品的价格时应遵守权重当量平衡原则，考虑计算所得的各评估指标价值量在总价值量中所占的权重，使其保证相对平衡。

> 等效替代法是当前生态环境效益经济评价中最普遍采用的一种方法，是生态系统功能物质量向价值量转化的过程中，在保证某评估指标生态功能相同的前提下，将实际的、复杂的的生态问题和生态过程转化为等效的、简单的、易于研究的问题和过程来估算生态系统各项功能价值量的研究和处理方法。

> 权重当量平衡原则是指生态系统服务功能价值量评估过程中，当选取某个替代品的价格进行等效替代核算某项评估指标的价值量时，应考虑计算所得的各评估指标价值量在总价值量中所占的权重，使其保持相对平衡。

（一）森林生态系统

1. 保育土壤功能

森林凭借庞大的树冠、深厚的枯枝落叶层及强壮且成网状的根系截留大气降水，减少或免遭雨滴对土壤表层的直接冲击，有效地固持土体，降低了地表径流对土壤的冲蚀，使土壤流失量大大降低。而且森林植被的生长发育及其代谢产物不断对土壤产生物理及化学影响，参与土体内部的能量转换与物质循环，使土壤肥力提高，森林凋落物是土壤养分的主要来源之一（图1-8）。为此，本研究选用固土和保肥2个指标来反映森林保育土壤功能。

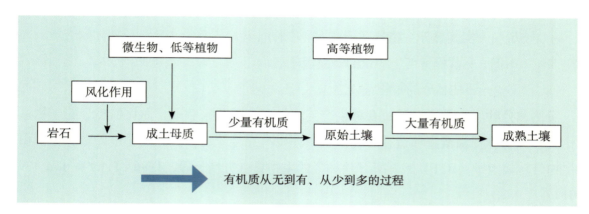

图1-8　植被对土壤形成的作用

（1）固土指标。因为森林的固土功能是从地表土壤侵蚀程度表现出来的，所以可通过无林地土壤侵蚀程度和有林地土壤侵蚀程度之差来估算森林的保土量。该评估方法是目前国内外多数人使用并认可的。例如，日本在1972年、1978年和1991年评估森林防止土壤泥沙侵蚀效能时，都采用了有林地与无林地之间侵蚀对比方法来计算。

①年固土量。林分年固土量公式如下：

$$G_{固土}=A \cdot (X_2-X_1) \cdot F \tag{1-2}$$

式中：$G_{固土}$——评估林分年固土量（吨/年）；

　　　X_1——实测林分有林地土壤侵蚀模数[吨/（公顷·年）]；

　　　X_2——无林地土壤侵蚀模数[吨/（公顷·年）]；

　　　A——林分面积（公顷）；

　　　F——森林生态系统服务修正系数。

②年固土价值。由于土壤侵蚀流失的泥沙淤积于水库中，减少了水库蓄积水的体积，因此本研究根据蓄水成本（替代工程法）计算林分年固土价值，公式如下：

$$U_{固土}=C_{固土} \cdot C_{土}/\rho \tag{1-3}$$

式中：$U_{固土}$——评估林分年固土价值（元/年）；

$C_{固土}$——评估林分年固土量（吨/年）；

$C_{土}$——挖取和运输单位体积土方所需费用（元/立方米）；

ρ——土壤容重（克/立方厘米）。

(2) 保肥指标。林木的根系可以改善土壤结构、孔隙度和通透性等物理性状，有助于土壤形成团粒结构。在养分循环过程中，枯枝落叶层不仅减小了降水的冲刷和径流，而且还是森林生态系统归还的主要途径，可以增加土壤有机质、营养物质（氮、磷、钾等）和土壤碳库的积累，提高土壤肥力，起到保肥的作用。土壤侵蚀带走大量的土壤营养物质，根据氮、磷、钾等养分含量和森林减少的土壤损失量，可以估算出森林每年减少的养分流失量。因土壤侵蚀造成了氮、磷、钾大量流失，使土壤肥力下降，通过计算年固土量中氮、磷、钾的数量，再换算为化肥价格即为森林年保肥价值。

①年保肥量。公式如下：

$$G_{氮} = A \cdot N \cdot (X_2 - X_1) \cdot F \tag{1-4}$$

$$G_{磷} = A \cdot P \cdot (X_2 - X_1) \cdot F \tag{1-5}$$

$$G_{钾} = A \cdot K \cdot (X_2 - X_1) \cdot F \tag{1-6}$$

$$G_{有机质} = A \cdot M \cdot (X_2 - X_1) \cdot F \tag{1-7}$$

式中：$G_{氮}$——评估林分固持土壤而减少的氮流失量（吨/年）；

$G_{磷}$——评估林分固持土壤而减少的磷流失量（吨/年）；

$G_{钾}$——评估林分固持土壤而减少的钾流失量（吨/年）；

$G_{有机质}$——评估林分固持土壤而减少的有机质流失量（吨/年）；

X_1——实测林分有林地土壤侵蚀模数[吨/（公顷·年）]；

X_2——无林地土壤侵蚀模数[吨/（公顷·年）]；

N——实测林分中土壤含氮量（%）；

P——实测林分中土壤含磷量（%）；

K——实测林分中土壤含钾量（%）；

M——实测林分中土壤有机质含量（%）；

A——林分面积（公顷）；

F——森林生态系统服务修正系数。

②年保肥价值。年固土量中氮、磷、钾的物质量换算成化肥价值即为林分年保肥价值。本研究的林分年保肥价值以固土量中的氮、磷、钾数量折合成磷酸二铵化肥和氯化钾化肥的价值来体现。公式如下：

$$U_{肥} = \frac{G_{氮} \cdot C_1}{R_1} + \frac{G_{磷} \cdot C_1}{R_2} + \frac{G_{钾} \cdot C_2}{R_3} + G_{有机质} \cdot C_3 \qquad (1\text{-}8)$$

式中：$U_{肥}$——评估林分年保肥价值（元/年）；

$G_{氮}$——评估林分固持土壤而减少的氮流失量（吨/年）；

$G_{磷}$——评估林分固持土壤而减少的磷流失量（吨/年）；

$G_{钾}$——评估林分固持土壤而减少的钾流失量（吨/年）；

$G_{有机质}$——评估林分固持土壤而减少的有机质流失量（吨/年）；

R_1——磷酸二铵化肥含氮量（%）；

R_2——磷酸二铵化肥含磷量（%）；

R_3——氯化钾化肥含钾量（%）；

C_1——磷酸二铵化肥价格（元/吨）；

C_2——氯化钾化肥价格（元/吨）；

C_3——有机质价格（元/吨）。

2. 林木养分固持功能

生态系统的生物体内贮存着各种营养元素，并通过元素循环，促使生物与非生物环境之间的元素变换，维持生态过程。有关学者指出，森林生态系统在其生长过程中不断从周围环境吸收营养元素，固定在植物体中。本研究综合了在以上两个定义的基础上，认为林木养分固持指森林植物通过生化反应，在土壤、大气、降水中吸收氮、磷、钾等营养物质并贮存在体内各营养器官的功能。

这里要测算的林木固持氮、磷、钾含量与森林生态系统保育土壤功能中保肥的氮、磷、钾有所不同，前者是被森林植被吸收进入植物体内的营养物质，后者是森林生态系统中林下土壤里所含的营养物质。因此，在测算过程中要将二者区分开来分别计量。

森林植被在生长过程中每年要从土壤或空气中吸收大量营养物质，如氮、磷、钾等，并贮存在植物体中。考虑到指标操作的可行性，本研究主要考虑主要营养元素氮、磷、钾的含量。在计算林木养分固持量时，以氮、磷、钾在植物体中的百分含量为依据，再结合中国森林森林资源清查数据及森林净生产力数据计算出中国森林生态系统年固持氮、磷、钾的总量。国内很多研究均采用了这种方法。

（1）林木养分固持量。公式如下：

$$G_{氮} = A \cdot N_{营养} \cdot B_{年} \cdot F \qquad (1\text{-}9)$$

$$G_{磷} = A \cdot P_{营养} \cdot B_{年} \cdot F \qquad (1\text{-}10)$$

$$G_{钾} = A \cdot K_{营养} \cdot B_{年} \cdot F \qquad (1\text{-}11)$$

式中：$G_{氮}$——评估林分年氮固持量（吨/年）；

$G_{磷}$——评估林分年磷固持量（吨/年）；

$G_{钾}$——评估林分年钾固持量（吨/年）；

$N_{营养}$——实测林木氮元素含量（%）；

$P_{营养}$——实测林木磷元素含量（%）；

$K_{营养}$——实测林木钾元素含量（%）；

$B_{年}$——实测林分年净生产力[吨/（公顷·年）]；

A——林分面积（公顷）；

F——森林生态系统服务修正系数。

（2）林木年养分固持价值。采取把营养物质折合成磷酸二铵化肥和氯化钾化肥方法计算林木营养物质积累价值，公式如下：

$$U_{氮}=G_{氮} \cdot C_1 \tag{1-12}$$

$$U_{磷}=G_{磷} \cdot C_1 \tag{1-13}$$

$$U_{钾}=G_{钾} \cdot C_2 \tag{1-14}$$

式中：$U_{氮}$——评估林分氮固持价值（元/年）；

$U_{磷}$——评估林分磷固持价值（元/年）；

$U_{钾}$——评估林分钾固持价值（元/年）；

$G_{氮}$——评估林分年氮固持量（吨/年）；

$G_{磷}$——评估林分年磷固持量（吨/年）；

$G_{钾}$——评估林分年钾固持量（吨/年）；

C_1——磷酸二铵化肥价格（元/吨）；

C_2——氯化钾化肥价格（元/吨）。

3. 涵养水源功能

森林涵养水源功能主要是指森林对降水的截留、吸收和贮存，将地表水转为地表径流或地下水的作用（图1-9）。主要功能表现在增加可利用水资源、净化水质和调节径流三个方面。本研究选定2个指标，即调节水量指标和净化水质指标，以反映森林的涵养水源功能。

（1）调节水量指标。

①年调节水量。森林生态系统年调节水量公式如下：

$$G_{调}=10A \cdot (P_{水}-E-C) \cdot F \tag{1-15}$$

式中：$G_{调}$——评估林分年调节水量（立方米/年）；

$P_{水}$——实测林外降水量（毫米/年）；

E——实测林分蒸散量（毫米/年）；

C——实测林分地表快速径流量（毫米/年）；

A——林分面积（公顷）；

F——森林生态系统服务修正系数。

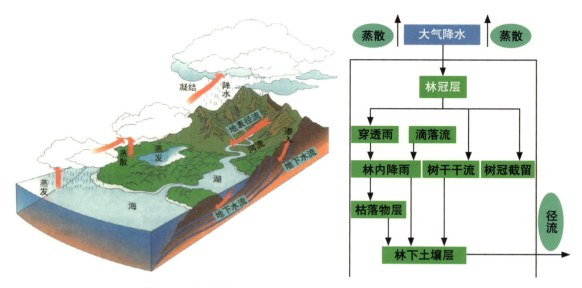

图 1-9 全球水循环及森林对降水的再分配示意

② 年调节水量价值。由于森林对水量主要起调节作用，与水库的功能相似。因此本研究森林生态系统年调节水量价值根据水库工程的蓄水成本（替代工程法）来确定，采用如下公式计算：

$$U_{调} = G_{调} \cdot C_{库} \tag{1-16}$$

式中：$U_{调}$——评估林分年调节水量价值（元/年）；

$G_{调}$——评估林分年调节水量（立方米/年）；

$C_{库}$——水资源市场交易价格（元/立方米）。

(2) 净化水质指标。净化水质包括净化水量和净化水质价值两个方面。

① 年净化水量。本研究采用年调节水量的公式：

$$G_{净} = 10A \cdot (P_{水} - E - C) \cdot F \tag{1-17}$$

式中：$G_{净}$——评估林分年净化水量（立方米/年）；

$P_{水}$——实测林外降水量（毫米/年）；

E——实测林分蒸散量（毫米/年）；

C——实测林分地表快速径流量（毫米/年）；

A——林分面积（公顷）；

F——森林生态系统服务修正系数。

②年净化水质价值。森林生态系统年净化水质价值根据内蒙古自治区水污染物应纳税额，采用如下公式计算：

$$U_{净} = G_{净} \cdot K_{水} \tag{1-18}$$

式中：$U_{净}$——评估林分净化水质价值（元/年）；
$G_{净}$——评估林分年净化水量（立方米/年）；
$K_{水}$——水的净化费用（元/年）。

4. 固碳释氧功能

森林植被与大气的物质交换主要是二氧化碳与氧气的交换，即森林固定并减少大气中的二氧化碳和提高并增加大气中的氧气浓度（图1-10），这对维持大气中的二氧化碳和氧气动态平衡、减少温室效应以及为人类提供生存的基础都有巨大的、不可替代的作用（Wang et al., 2013）。

图1-10 森林生态系统固碳释氧作用

《中华人民共和国国民经济和社会发展第十四个五年规划和2035年远景目标纲要》提出，力争2030年前达到碳达峰，2060年前实现碳中和的重大战略决策，事关中华民族永续发展和构建人类命运共同体。为实现碳达峰、碳中和的战略目标，既要实施碳强度和碳排放总量双控制，同时要提升生态系统碳汇能力。森林作为陆地生态系统的主体，具有显著的固碳作用，在"碳达峰""碳中和"战略目标的实现过程中发挥着重要作用。目前，我国森林生态系统碳汇能力由于碳汇方法学存在缺陷，即：推算森林碳汇量采用的材积源生物量法是通过森林蓄积量增量进行计算的，而一些森林碳汇资源并未统计其中，主要指特灌林和竹林、疏林地、未成林造林地、非特灌林灌木林、苗圃地、荒山灌丛、城区和乡村绿化散生林木而被低估。为准确核算我国森林资源碳汇能力，王兵研究员等提出森林碳汇资源和森林全口径碳汇新理念（王兵等，2021）。

> 森林碳汇资源为能够提供碳汇功能的森林资源，包括乔木林、竹林、特灌林、疏林、未成林造林、非特灌林灌木林、苗圃地、荒山灌丛、城区和乡村绿化散生林木等。
> 森林植被全口径碳汇＝森林资源碳汇（乔木林碳汇＋竹林碳汇＋特灌林碳汇）＋疏林地碳汇＋未成林造林地碳汇＋非特灌林灌木林碳汇＋苗圃地碳汇＋荒山灌丛碳汇＋城区和乡村绿化散生林木碳汇区和乡村绿化散生林木碳汇。

因此，本研究选用固碳、释氧两个指标反映呼伦贝尔市森林全口径碳汇和森林释氧功能。根据光合作用化学反应式，森林植被每积累1.00克干物质，可以吸收固定1.63克二氧化碳，释放1.19克氧气。

（1）固碳指标。

①植被和土壤年固碳量。公式如下：

$$G_{碳} = G_{植被固碳} + G_{土壤固碳} \tag{1-19}$$

$$G_{植被固碳} = 1.63 R_{碳} \cdot A \cdot B_{年} \cdot F \tag{1-20}$$

$$G_{土壤固碳} = A \cdot S_{土壤碳} \cdot F \tag{1-21}$$

式中：$G_{碳}$——评估林分生态系统年固碳量（吨/年）；

$G_{植被固碳}$——评估林分年固碳量（吨/年）；

$G_{土壤固碳}$——评估林分对应的土壤年固碳量（吨/年）；

$R_{碳}$——二氧化碳中碳的含量，为27.27%；

$B_{年}$——实测林分净生产力[吨/（公顷·年）]；

$S_{土壤碳}$——单位面积实测林分土壤的固碳量[吨/（公顷·年）]；

A——林分面积（公顷）；

F——森林生态系统服务修正系数。

公式计算得出森林的潜在年固碳量，再从其中减去由于林木消耗造成的碳量损失，即为森林的实际年固碳量。

②年固碳价值。鉴于我国实施温室气体排放税收制度，并对二氧化碳的排放征税。因此，采用中国碳交易市场碳税价格加权平均值进行评估。林分植被和土壤年固碳价值的计算公式如下：

$$U_{碳} = G_{碳} \cdot C_{碳} \tag{1-22}$$

式中：$U_{碳}$——评估林分年固碳价值（元/年）；

$G_{碳}$——评估林分生态系统潜在年固碳量（吨/年）；

$C_{碳}$——固碳价格（元/吨）。

公式得出森林的潜在年固碳价值，再从其中减去由于林木消耗造成的碳量损失，即为森林的实际年固碳价值。

（2）释氧指标。

①年释氧量。公式如下：

$$G_{氧气}=1.19A \cdot B_{年} \cdot F \tag{1-23}$$

式中：$G_{氧气}$——评估林分年释氧量（吨/年）；

$B_{年}$——实测林分净生产力[吨/（公顷·年）]；

A——林分面积（公顷）；

F——森林生态系统服务修正系数。

②年释氧价值。因为价值量的评估属经济的范畴，是市场化、货币化的体现，因此本研究采用国家权威部门公布的氧气商品价格计算森林的年释氧价值。计算公式如下：

$$U_{氧}=G_{氧} \cdot C_{氧} \tag{1-24}$$

式中：$U_{氧}$——评估林分年释放氧气价值（元/年）；

$G_{氧}$——评估林分年释氧量（吨/年）；

$C_{氧}$——氧气的价格（元/吨）。

5. 净化大气环境功能

雾霾天气的出现，使空气质量状况成为民众和政府部门关注的焦点，大气颗粒物（如 TSP、PM_{10}、$PM_{2.5}$）被认为是造成雾霾天气的罪魁。特别 $PM_{2.5}$ 更是由于其对人体健康的严重威胁，成为人们关注的热点。如何控制大气污染、改善空气质量成为众多科学家研究的热点（张维康等，2015；Zhang et al.，2015）。

> 森林提供负离子是指森林的树冠、枝叶的尖端放电以及光合作用过程的光电效应促使空气电解，产生空气负离子，同时森林植被释放的挥发性物质如植物精气（又叫芬多精）等也能促进空气电离，增加空气负离子浓度。

> 森林滞纳空气颗粒物是指由于森林增加地表粗糙度，降低风速从而提高空气颗粒物的沉降几率，同时，植物叶片结构特征的理化特性为颗粒物的附着提供了有利的条件；此外，枝、叶、茎还能够通过气孔和皮孔滞纳空气颗粒物。

森林能有效吸收有害气体、滞纳粉尘、提供负离子、降低噪音、降温增湿等，从而起到净化大气环境的作用（图1-11）。为此，本研究选取提供负离子、吸收污染物（二氧化硫、氟化物和氮氧化物）、滞纳TSP、PM_{10}、$PM_{2.5}$等指标反映森林的净化大气环境能力。

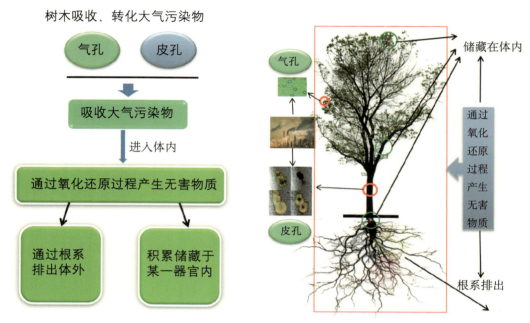

图1-11 树木吸收空气污染物示意

（1）提供负离子指标。

①年提供负离子量。公式如下：

$$G_{负离子}=5.256\times 10^{15}\cdot Q_{负离子}\cdot A\cdot H\cdot F/L \tag{1-25}$$

式中：$G_{负离子}$——评估林分年提供负离子个数（个/年）；

$Q_{负离子}$——实测林分负离子浓度（个/立方厘米）；

H——实测林分高度（米）；

L——负离子寿命（分钟）；

A——林分面积（公顷）；

F——森林生态系统服务修正系数。

②年提供负离子价值。国内外研究证明，当空气中负离子达到600个/立方厘米以上时，才能有益于人体健康，所以林分年提供负离子价值采用如下公式计算：

$$U_{负离子}=5.256\times 10^{15} A\cdot H\cdot F\cdot K_{负离子}\cdot (Q_{负离子}-600)/L \tag{1-26}$$

式中：$U_{负离子}$——评估林分年提供负离子价值（元/年）；

$K_{负离子}$——负离子生产费用（元/10^{18}个）；

$Q_{负离子}$——实测林分负离子浓度（个/立方厘米）；

L——负离子寿命（分钟）；

H——实测林分高度（米）；

A——林分面积（公顷）；

F——森林生态系统服务修正系数。

（2）吸收气体污染物指标。二氧化硫、氟化物和氮氧化物是大气的主要污染物（图1-12），因此本研究选取森林植被吸收二氧化硫、氟化物和氮氧化物3个指标评估森林吸收气体污染物的能力。森林对二氧化硫、氟化物和氮氧化物的吸收，可使用面积—吸收能力法、阈值法、叶干质量估算法等。本研究采用面积—吸收能力法评估森林吸收气体污染物的总量，采用环境保护税法评估价值量。

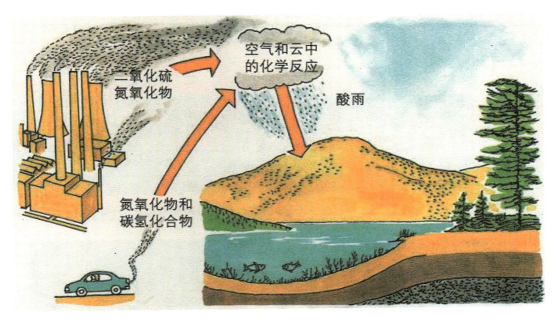

图1-12 污染气体的来源及危害

①吸收二氧化硫。主要计算林分年吸收二氧化硫的物质量和价值量。

林分年吸收二氧化硫量计算公式如下：

$$G_{二氧化硫}=Q_{二氧化硫} \cdot A \cdot F/1000 \tag{1-27}$$

式中：$G_{二氧化硫}$——评估林分年吸收二氧化硫量（吨/年）；

$Q_{二氧化硫}$——单位面积实测林分吸收二氧化硫量[千克/（公顷·年）]；

A——林分面积（公顷）；

F——森林生态系统服务修正系数。

林分年吸收二氧化硫价值计算公式如下：

$$U_{二氧化硫}=G_{二氧化硫} \cdot K_{二氧化硫} \tag{1-28}$$

式中：$U_{二氧化硫}$——评估林分年吸收二氧化硫价值（元／年）；

$G_{二氧化硫}$——评估林分年吸收二氧化硫量（吨／年）；

$K_{二氧化硫}$——二氧化硫的治理费用（元／千克）。

②吸收氟化物。

林分氟化物年吸收量计算公式如下：

$$G_{氟化物}=Q_{氟化物} \cdot A \cdot F/1000 \tag{1-29}$$

式中：$G_{氟化物}$——评估林分年吸收氟化物量（吨／年）；

$Q_{氟化物}$——单位面积实测林分年吸收氟化物量[千克／（公顷·年）]；

A——林分面积（公顷）；

F——森林生态系统服务修正系数。

林分年吸收氟化物价值公式如下：

$$U_{氟化物}=G_{氟化物} \cdot K_{氟化物} \tag{1-30}$$

式中：$U_{氟化物}$——评估林分年吸收氟化物价值（元／年）；

$G_{氟化物}$——评估林分年吸收氟化物量（吨／年）；

$K_{氟化物}$——氟化物治理费用（元／千克）。

③吸收氮氧化物。

林分氮氧化物年吸收量计算公式如下：

$$G_{氮氧化物}=Q_{氮氧化物} \cdot A \cdot F/1000 \tag{1-31}$$

式中：$G_{氮氧化物}$——评估林分年吸收氮氧化物量（吨／年）；

$Q_{氮氧化物}$——单位面积实测林分年吸收氮氧化物量[千克／（公顷·年）]；

A——林分面积（公顷）；

F——森林生态系统服务修正系数。

林木氮氧化物年吸收量价值计算公式如下：

$$U_{氮氧化物}=G_{氮氧化物} \cdot K_{氮氧化物} \tag{1-32}$$

式中：$U_{氮氧化物}$——评估林分年吸收氮氧化物价值（元／年）；

$G_{氮氧化物}$——评估林分年吸收氮氧化物量（吨／年）；

$K_{氮氧化物}$——氮氧化物治理费用（元/千克）。

(3) 滞尘指标。森林有阻挡、过滤和吸附粉尘的作用，可提高空气质量。因此，滞尘功能是森林生态系统重要的服务功能之一。鉴于近年来人们对 PM_{10} 和 $PM_{2.5}$（图1-13）的关注，本研究在评估滞尘量及其价值的基础上，将 PM_{10} 和 $PM_{2.5}$ 从总滞尘量中分离出来进行了单独的物质量和价值量评估。

① 年总滞尘量。公式如下：

$$G_{TSP}=Q_{TSP} \cdot A \cdot F/1000 \tag{1-33}$$

式中：G_{TSP}——评估林分年潜在滞纳 TSP（总悬浮颗粒物）量（吨/年）；

Q_{TSP}——实测林分单位面积年滞纳 TSP 量 [千克/（公顷·年）]；

A——林分面积（公顷）

F——森林生态系统服务修正系数。

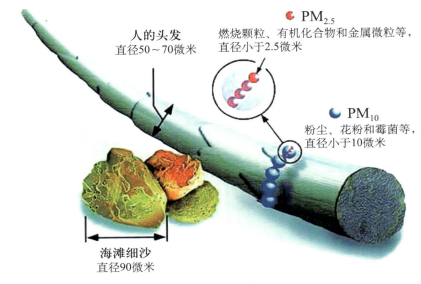

图1-13 $PM_{2.5}$ 颗粒直径示意

② 年滞尘总价值。本研究使用环境保护税法计算林木滞纳 PM_{10} 和 $PM_{2.5}$ 的价值。其中，PM_{10} 和 $PM_{2.5}$ 采用炭黑尘(粒径0.4～1微米)污染当量值(图1-13)，结合应税额度进行核算。林分滞纳其余颗粒物的价值采用一般性粉尘（粒径<75微米）污染当量值，结合应税额度进行核算。年滞尘价值计算公式如下：

$$U_{滞尘}=(G_{TSP}-G_{PM_{10}}-G_{PM_{2.5}}) \cdot K_{TSP}+U_{PM_{10}}+U_{PM_{2.5}} \tag{1-34}$$

式中：$U_{滞尘}$——评估林分年潜在滞尘价值（元/年）；

G_{TSP}——评估林分年潜在滞纳 TSP 量（千克/年）；

$G_{PM_{2.5}}$——评估林分年潜在滞纳$PM_{2.5}$的量(千克/年);

$G_{PM_{10}}$——评估林分年潜在滞纳PM_{10}的量(千克/年);

$U_{PM_{10}}$——评估林分年滞纳PM_{10}的价值(元/年);

$U_{PM_{2.5}}$——评估林分年滞纳$PM_{2.5}$的价值(元/年);

K_{TSP}——降尘清理费用(元/千克)。

(4) 滞纳$PM_{2.5}$。

①年滞纳$PM_{2.5}$量。公式如下:

$$G_{PM_{2.5}} = 10 Q_{PM_{2.5}} \cdot A \cdot n \cdot F \cdot LAI \tag{1-35}$$

式中:$G_{PM_{2.5}}$——评估林分年潜在滞纳$PM_{2.5}$(直径≤2.5微米的可入肺颗粒物)量(千克/年);

$Q_{PM_{2.5}}$——实测林分单位叶面积滞纳$PM_{2.5}$量(克/平方米);

A——林分面积(公顷);

n——年洗脱次数;

LAI——叶面积指数

F——森林生态系统服务修正系数。

②年滞纳$PM_{2.5}$价值。公式如下:

$$U_{PM_{2.5}} = G_{PM_{2.5}} \cdot C_{PM_{2.5}} \tag{1-36}$$

式中:$U_{PM_{2.5}}$——评估林分年滞纳$PM_{2.5}$价值(元/年);

$G_{PM_{2.5}}$——评估林分年潜在滞纳$PM_{2.5}$的量(千克/年);

$C_{PM_{2.5}}$——$PM_{2.5}$清理费用(元/千克)。

(5) 滞纳PM_{10}。

①年滞纳PM_{10}量。公式如下:

$$G_{PM_{10}} = 10 Q_{PM_{10}} \cdot A \cdot n \cdot F \cdot LAI \tag{1-37}$$

式中:$G_{PM_{10}}$——评估林分年潜在滞纳PM_{10}(直径≤10微米的可吸入颗粒物)量(千克/年);

$Q_{PM_{10}}$——实测林分单位叶面积滞纳PM_{10}量(克/平方米);

A——林分面积(公顷);

F——森林生态系统服务修正系数;

n——年洗脱次数;

LAI——叶面积指数。

②年滞纳 PM_{10} 价值。公式如下：

$$U_{PM_{10}} = G_{PM_{10}} \cdot C_{PM_{10}} \quad (1-38)$$

式中：$U_{PM_{10}}$——评估林分年滞纳 PM_{10} 价值（元/年）；

$G_{PM_{10}}$——评估林分年潜在滞纳 PM_{10} 量（千克/年）；

$C_{PM_{10}}$——PM_{10} 清理费用（元/千克）。

6. 森林防护功能

植被根系能够固定土壤，改善土壤结构，降低土壤的裸露程度；植被地上部分能够增加地表粗糙程度，降低风速，阻截风沙。地上地下的共同作用能够减弱风的强度和携沙能力，减少因风蚀导致的土壤流失和风沙危害。

（1）防风固沙量。公式如下：

$$G_{防风固沙} = A_{防风固沙} \cdot (Y_2 - Y_1) \cdot F \quad (1-39)$$

式中：$G_{防风固沙}$——评估林分防风固沙量（吨/年）；

Y_1——有林地风蚀模数 [吨/（公顷·年）]；

Y_2——无林地风蚀模数 [吨/（公顷·年）]；

$A_{防风固沙}$——防风固沙林面积（公顷）；

F——森林生态系统服务修正系数。

（2）防风固沙价值。公式如下：

$$U_{防风固沙} = K_{防风固沙} \cdot G_{防风固沙} \quad (1-40)$$

式中：$U_{防风固沙}$——评估林分防风固沙价值量（元/年）；

$G_{防风固沙}$——评估林分防风固沙量（吨/年）；

$K_{防风固沙}$——固沙成本（元/吨）。

（3）农田防护价值。公式如下：

$$U_{农田防护} = K_a \cdot V_a \cdot m_a \cdot A_{农} \quad (1-41)$$

式中：$U_{农田防护}$——评估林分农田防护功能的价值量（元/年）；

K_a——平均1公顷农田防护林能够实现农田防护面积19公顷；

V_a——农作物、牧草的价格（元/千克）；

m_a——农作物、牧草平均增产量 [千克/（公顷·年）]；

$A_{农}$——农田防护林面积（公顷）。

7. 生物多样性保护功能

生物多样性维护了自然界的生态平衡，并为人类的生存提供了良好的环境条件。生物多样性是生态系统不可缺少的组成部分，对生态系统服务的发挥具有十分重要的作用。Shannon-Wiener 指数是反映森林中物种的丰富度和分布均匀程度的经典指标。传统 Shannon-Wiener 指数对生物多样性保护等级的界定不够全面。本研究采用濒危指数、特有种指数及古树年龄指数进行生物多样性保护功能评估（表 1-2 至表 1-4），有利于生物资源的合理利用和相关部门保护工作的合理分配。

生物多样性保护功能评估公式如下：

$$U_\text{生} = \left(1 + 0.1\sum_{m=1}^{x} E_m + 0.1\sum_{n=1}^{y} B_n + 0.1\sum_{r=1}^{z} O_r\right) \cdot S_\text{生} \cdot A \tag{1-42}$$

式中：$U_\text{生}$——评估林分年生物多样性保护价值（元/年）；

E_m——评估林分或区域内物种 m 的濒危指数（表 1-1）；

B_n——评估林分或区域内物种 n 的特有种指数（表 1-2）；

O_r——评估林分或区域内物种 r 的古树年龄指数（表 1-3）；

x——计算珍稀濒危指数物种数量；

y——计算特有种物种数量

z——计算古树物种数量；

$S_\text{生}$——单位面积物种资源保育价值[元/（公顷·年）]；

A——林分面积（公顷）。

本研究根据 Shannon-Wiener 指数计算生物多样性价值，共划分 7 个等级：

当指数 <1 时，$S_\text{生}$ 为 3000[元/（公顷·年）]；

当 1≤指数< 2 时，$S_\text{生}$ 为 5000[元/（公顷·年）]；

当 2≤指数< 3 时，$S_\text{生}$ 为 10000[元/（公顷·年）]；

当 3≤指数< 4 时，$S_\text{生}$ 为 20000[元/（公顷·年）]；

当 4≤指数< 5 时，$S_\text{生}$ 为 30000[元/（公顷·年）]；

当 5≤指数< 6 时，$S_\text{生}$ 为 40000[元/（公顷·年）]；

当指数≥ 6 时，$S_\text{生}$ 为 50000[元/（公顷·年）]。

表 1-2　濒危指数体系

濒危指数	濒危等级	物种种类
4	极危	参见《中国物种红色名录（第一卷）：红色名录》
3	濒危	
2	易危	
1	近危	

表1-3 特有种指数体系

特有种指数	分布范围
4	仅限于范围不大的山峰或特殊的自然地理环境下分布
3	仅限于某些较大的自然地理环境下分布的类群，如仅分布于较大的海岛（岛屿）、高原、若干个山脉等
2	仅限于某个大陆分布的分类群
1	至少在2个大陆都有分布的分类群
0	世界广布的分类群

注：参见《植物特有现象的量化》（苏志尧，1999）。

表1-4 古树年龄指数体系

古树年龄	指数等级	来源及依据
100~299年	1	参见2011年，全国绿化委员会、国家林业局《关于开展古树名木普查建档工作的通知》
300~499年	2	
≥500年	3	

8. 林木产品供给功能

（1）木材产品价值。公式如下：

$$U_{木材产品}=\sum_{i}^{n}(A_i \cdot S_i \cdot U_i) \quad (i=1, 2, ..., n) \tag{1-43}$$

式中：$U_{木材产品}$——年木材产品价值（元/年）；

A_i——第i种木材产品面积（公顷）；

S_i——第i种木材产品单位面积蓄积量[立方米/（公顷·年）]；

U_i——第i种木材产品市场价格（元/立方米）。

（2）非木材产品价值。公式如下：

$$U_{非木材产品}=\sum_{j}^{n}(A_j \cdot V_j \cdot P_j) \quad (j=1, 2, ..., n) \tag{1-44}$$

式中：$U_{非木材产品}$——年非木材产品价值（元/年）；

A_j——第j种非木材产品种植面积（公顷）；

V_j——第j种非木材产品单位面积产量[千克/（公顷·年）]；

P_j——第j种非木材产品市场价格（元/千克）。

9. 森林康养功能

森林康养是指森林生态系统为人类提供休闲和娱乐场所所产生的价值，包括直接产值和带动的其他产业产值，直接产值采用林业旅游与休闲产值替代法进行核算。计算公式如下：

$$U_{康养} = (U_{直接} + U_{间接}) \times 0.8 \tag{1-45}$$

式中：$U_{康养}$——森林康养价值量（元/年）；

$U_{直接}$——林业旅游与休闲产值，按照直接产值对待（元/年）；

$U_{间接}$——林业旅游与休闲带动的其他产业产值（元/年）；

0.8——森林公园接待游客量和创造的旅游产值约占森林旅游总规模的百分比。

10. 森林生态系统服务功能总价值评估

森林生态系统服务功能总价值为上述分项之和，公式如下：

$$U_I = \sum_{i=1}^{25} U_i \tag{1-46}$$

式中：U_I——森林生态系统服务总价值（元/年）；

U_i——森林生态系统服务各分项年价值（元/年）。

（二）湿地生态系统

1. 保育土壤功能

湿地生态系统能够有效减少泥沙淤积，发挥着显著的保育土壤功能，这是由于河流冲击作用造成的。一般而言，由于水文地理特征的特殊性及其时空变化的不均匀性，不同地区湿地泥沙淤积存在差异。为此，本研究选用减少泥沙淤积指标和保肥指标，以反映湿地保育土壤功能。

（1）减少泥沙淤积。因为湿地的减少泥沙淤积功能是通过泥沙淤积程度表现出来的，所以可以通过湿地入水口的泥沙淤积量和出水口的泥沙淤积量之差来估算湿地的减少泥沙淤积量。

①年减少泥沙淤积量。湿地年减少泥沙淤积量公式如下：

$$G_{土} = (X_2 - X_1) \cdot A \tag{1-47}$$

式中：$G_{土}$——湿地年减少泥沙淤积量（吨/年）；

A——湿地当年入库地表径流量（立方米）；

X_1——湿地入水口的泥沙淤积量[吨/（公顷·年）]；

X_2——湿地出水口的泥沙淤积量[吨/（公顷·年）]。

②年减少泥沙淤积价值。由于土壤侵蚀流失的泥沙淤积于水库中，会减少水库蓄积水的体积，因此本研究根据蓄水成本（替代工程法）计算湿地年泥沙淤积价值，公式如下：

$$U_{土} = G_{土} \cdot V_{土} \tag{1-48}$$

式中：$U_{土}$——湿地年减少泥沙淤积价值（元/年）；

$G_\text{土}$——湿地年减少泥沙淤积量（吨/年）；

$V_\text{土}$——挖取和运输单位体积土方所需费用（元/立方米）。

（2）保肥。湿地保肥功能是指减少泥沙淤积中养分流失，本研究采用的是湿地淤积泥沙中所含有的氮、磷、钾等养分的量，再折算成化肥价格的方法来计算。

① 年保肥量。其计算公式如下：

$$G_\text{保肥} = (X_2 - X_1) \cdot A \cdot (N+P+K+C) \tag{1-49}$$

式中：$G_\text{保肥}$——湿地年减少养分流失量（吨/年）；

X_1——湿地入水口的泥沙淤积量[吨/（公顷·年）]；

X_2——湿地出水口的泥沙淤积量[吨/（公顷·年）]；

A——湿地面积（公顷）；

C——泥沙淤积中平均有机质含量（%）；

N——泥沙淤积中平均氮含量（%）；

P——泥沙淤积中平均磷含量（%）；

K——泥沙淤积中平均钾含量（%）。

② 年保肥量价值。年减少淤积泥沙中氮、磷、钾等养分的含量换算成化肥即为湿地年保肥价值。本研究的湿地年保肥价值以淤积泥沙中的氮、磷、钾和有机质含量折合成磷酸二铵化肥和氯化钾化肥的价值来体现。公式如下：

$$U_\text{保肥} = (X_2 - X_1) \cdot A \cdot \left(\frac{N}{D_\text{氮}} \cdot V_\text{氮} + \frac{P}{D_\text{磷}} \cdot V_\text{磷} + \frac{K}{D_\text{钾}} \cdot V_\text{钾} + C \cdot V_\text{有机质} \right) \tag{1-50}$$

式中：$U_\text{保肥}$——年保肥价值（元/年）；

X_1——湿地入水口的泥沙淤积量[吨/（公顷·年）]；

X_2——湿地出水口的泥沙淤积量[吨/（公顷·年）]；

A——湿地面积（公顷）；

C——泥沙淤积中平均有机质含量（%）；

N——泥沙淤积中平均氮含量（%）；

P——泥沙淤积中平均磷含量（%）；

K——泥沙淤积中平均钾含量（%）；

$D_\text{氮}$——磷酸二铵化肥含氮量（%）；

$D_\text{磷}$——磷酸二铵化肥含磷量（%）；

$D_\text{钾}$——氯化铵化肥含钾量（%）；

$V_\text{氮}$ 和 $V_\text{磷}$——磷酸二铵化肥价格（元/吨）；

$V_\text{钾}$——氯化钾化肥价格（元/吨）；

$V_{有机质}$——有机质化肥价格（元/吨）。

2. 水生植物养分固持功能

湿地生态系统中，养分主要储存在土壤中，可以说土壤是其最大的养分库。地质大循环中，生态系统中的养分不断向下淋溶损失，而生物小循环则从地质循环中保存累积一系列的生物所必需的营养元素，随着生物的生长以及生物量的不断累计，土壤母质中大量营养元素被释放出来，成为有效成分，供生物生长需要。因此，生物是形成土壤和土壤肥力的主导因素。当植物的一个生命周期完成时，大量的养分在植物体变黄、凋落之前被转移到植物体的其他部位，还有一些则通过枯枝落叶等凋落物而返回土壤中。本研究参考崔丽娟（2004）的关于湿地营养循环研究，湿地水生植物氮、磷、钾年固定量分为128.78千克/公顷、0.88千克/公顷、86.33千克/公顷。

（1）水生植物养分固持量。公式如下：

$$G_{氮} = A \cdot N \qquad (1-51)$$

$$G_{磷} = A \cdot P \qquad (1-52)$$

$$G_{钾} = A \cdot K \qquad (1-53)$$

式中：$G_{氮}$——湿地生态系统氮固持量（千克/年）；

$G_{磷}$——湿地生态系统磷固持量（千克/年）；

$G_{钾}$——湿地生态系统钾固持量（千克/年）；

N——单位面积湿地水生植物固氮量（千克/公顷）；

P——单位面积湿地水生植物固磷量（千克/公顷）；

K——单位面积湿地水生植物固钾量（千克/公顷）；

A——湿地面积（公顷）。

（2）水生植物养分固持价值。采取把营养物质折合成磷酸二铵化肥和氯化钾化肥方法计算水生植物养分固持价值，计算公式如下：

$$U_{营养} = (G_{氮} \cdot V_{氮} + G_{磷} \cdot V_{磷} + G_{钾} \cdot V_{钾}) / 1000 \qquad (1-54)$$

式中：$U_{营养}$——湿地生态系统养分固持价值（元/年）；

$G_{氮}$——湿地生态系统氮固持量（千克/年）；

$G_{磷}$——湿地生态系统磷固持量（千克/年）；

$G_{钾}$——湿地生态系统钾固持量（千克/年）；

$V_{氮}$——氮肥的价格（元/吨）；

$V_{磷}$——磷肥的价格（元/吨）；

$V_{钾}$——钾肥的价格（元/吨）。

3. 涵养水源功能

湿地生态系统具有强大调节水量功能（崔丽娟，2004），即在洪水期可以蓄积大量的洪水，以缓解洪峰造成的损失，同时储备大量的水资源在干旱季节提供生产、生活用水。另外，湿地生态系统还具有净化水质的作用。由此，本研究从调节水量和净化水质两个指标反映湿地的涵养水源功能。

（1）调节水量。

①年调节水量。湿地生态系统年调节水量公式：

$$G_{调节水量} = \sum_{i=1}^{n} (H_i \cdot A) \tag{1-55}$$

式中：$G_{调节水量}$——湿地调节水量（立方米/年）；

A——湿地面积（公顷）；

H_i——湿地洪水期平均淹没深度（米）。

②年调节水量价值。由于湿地对水量主要起调节作用，与水库的功能相似。因此，本研究中湿地生态系统调节水量价值依据水库工程的蓄水成本（替代工程法）来确定，采用如下公式计算：

$$U_{调节水量} = G_{调节水量} \cdot P_r \tag{1-56}$$

式中：$U_{调节水量}$——湿地调节水量价值（元/年）；

$G_{调节水量}$——湿地调节水量（立方米/年）；

P_r——水资源市场交易价格（元/立方米）。

（2）净化水质。

①年净化水质量。湿地生态系统年净化水质公式：

$$G_{净化水质} = A \cdot (C_入 - C_出) \cdot \rho \tag{1-57}$$

式中：$G_{净化水质}$——湿地净化水质的量（立方米/年）；

A——湿地面积（公顷）；

$C_入$——湿地入水口 COD 含量（千克/立方米）；

$C_出$——湿地出水口 COD 含量（千克/立方米）。

ρ——水的密度（千克/立方米）。

②年净化水质价值。采用如下公式计算：

$$U_{净化水质} = G_{净化水质} \cdot P_w \tag{1-58}$$

式中：$U_{净化水质}$——湿地净化水质价值（元/年）；

$G_{净化水质}$——湿地净化水质的量(立方米/年);

P_w——污水处理厂处理单位COD成本(元/立方米)。

4. 固碳释氧功能

湿地对大气环境既有正面也有负面影响。湿地对于大气调节的正效应主要是指通过大面积挺水植物芦苇以及其他水生植物的光合作用固定大气中的二氧化碳,向大气释放氧气;负效应指湿地向大气中排放温室气体(主要指二氧化碳和甲烷)。湿地内主要植被类型为水生或湿生植物,且分布广泛,主要以芦苇为主。芦苇作为适合河湖湿地和滩涂湿地生长的湿生植物,具有极高的生物量和土壤碳库储存。

(1)固碳。

①年固碳量。其计算公式如下:

$$G_{固碳} = (R_{碳i} \cdot M_{CO_2} + R_{碳j} \cdot M_{CH_4}) \cdot A \tag{1-59}$$

式中:$G_{固碳}$——湿地生态系统固碳量(吨/年);

$R_{碳i}$——二氧化碳中碳的含量(0.27);

M_{CO_2}——实测湿地净二氧化碳交换量,即NEE(吨/公顷);

$R_{碳j}$——甲烷中碳的含量(0.75);

M_{CH_4}——实测湿地甲烷含量(吨/公顷);

A——湿地面积(公顷)。

②年固碳价值。其计算公式如下:

$$U_{固碳} = G_{固碳} \cdot C_{碳} \tag{1-60}$$

式中:$U_{固碳}$——湿地生态系统固碳价值(元/年);

$G_{固碳}$——湿地生态系统固碳量(吨/年);

$C_{碳}$——固碳价格(元/吨)。

(2)释氧。

①年释氧量。其计算公式如下:

$$G_{释氧} = 1.2 \times \sum m \cdot A \tag{1-61}$$

式中:$G_{释氧}$——湿地生态系统释氧量(吨/年);

m——湿地单位面积生物量(吨/公顷);

A——湿地面积(公顷)。

②年释氧价值。其计算公式:

$$U_{释氧} = G_{释氧} \cdot C_{释氧} \tag{1-62}$$

式中：$U_{释氧}$——湿地生态系统释氧价值（元/年）；

$G_{释氧}$——湿地生态系统释氧量（吨/年）；

$C_{释氧}$——释氧价格（元/吨）。

5. 降解污染功能

湿地被誉为"地球之肾"，具有降解和去除环境污染的作用，尤其是对氮、磷等营养元素以及重金属元素的吸收、转化和滞留具有较高的效率，能有效降低其在水体中的浓度；湿地还可通过减缓水流，促进颗粒物沉降，从而将其上附着的有害物质从水体中去除。如果进入湿地的污染物没有使水体整体功能退化，即可以认为湿地起到净化的功能。

（1）降解污染物量。其计算公式如下：

$$G_{降}=Q_i \cdot (C_{入_i}-C_{出_i}) \tag{1-63}$$

式中：$G_{降}$——湿地生态系统降解污染物量（千克/年）；

Q_i——湿地中第i种污染物（COD、氨氮、全磷）的年排放总量（千克/年）；

$C_{入_i}$——湿地入水口第i种污染物的浓度（%）；

$C_{出_i}$——湿地出水口第i种污染物的浓度（%）。

（2）降解污染物价值。其计算公式如下：

$$U_{降}=G_{降} \cdot C_{降} \tag{1-64}$$

式中：$U_{降}$——湿地生态系统降解污染物价值（元/年）；

$G_{降}$——湿地生态系统降解污染物量（千克/年）；

$C_{降}$——湿地中第i种污染物清理费用（元/千克）。

6. 水产品供给功能

（1）水生植物供给。

①水生植物供给量。其计算公式如下：

$$G_{水生植物}=\sum_{i=1}^{n} Q_i \cdot A \tag{1-65}$$

式中：$G_{水生植物}$——水生食用植物的产量（千克/年）；

Q_i——各类可食用水生植物的单位面积产量（千克/公顷）；

A——湿地面积（公顷）。

②水生植物供给价值。其计算公式如下：

$$U_{水生植物}=G_{水生植物} \cdot P_{植物} \tag{1-66}$$

式中：$U_{水生植物}$——水生食用植物的价值（元/年）；

$G_{水生植物}$——水生食用植物的产量（千克/年）；

$P_{植物}$——各类食用植物的单价（元/千克）。

（2）水生动物供给。

①水生动物供给量。其计算公式如下：

$$G_{水生动物}=\sum_{j=1}^{n} Q_j \cdot A \tag{1-67}$$

式中：$G_{水生动物}$——水生食用动物的产量（千克/年）；

Q_j——各类可食用动物的单位面积产量（千克/公顷）；

A——湿地面积（公顷）。

②水生动物供给价值。其计算公式如下：

$$U_{水生动物}=G_{水生动物} \cdot P_{动物} \tag{1-68}$$

式中：$U_{水生动物}$——水生食用动物的价值（元/年）；

$G_{水生动物}$——水生食用动物的产量（千克/年）；

$P_{动物}$——各类食用动物的单价（元/千克）。

7. 水源供给功能

（1）水源供给量。其计算公式如下：

$$G_{水源供给}=Q_{淡水} \cdot A \tag{1-69}$$

式中：$G_{水源供给}$——湿地水源供给量（立方米/年）；

$Q_{淡水}$——单位面积湿地平均淡水供应量[立方米/（公顷·年）]；

A——湿地面积（公顷）。

（2）水源供给价值。其计算公式如下：

$$U_{水源供给}=G_{水源供给} \cdot P_{淡水} \tag{1-70}$$

式中：$U_{水源供给}$——湿地水源供给价值（元/年）；

$G_{水源供给}$——湿地水源供给量（立方米/年）；

$P_{淡水}$——水资源市场交易价格（元/立方米）。

8. 提供生物栖息地功能

湿地是复合生态系统，大面积的芦苇沼泽、滩涂和河流、湖泊为野生动植物的生存提供了良好的栖息地。湿地景观的高度异质性为众多野生动植物栖息、繁衍提供了基地，因而在保护生物多样性方面有极其重要的价值。湿地生物栖息地功能评估公式如下：

$$U_{生}=S_{生} \cdot A \tag{1-71}$$

式中：$U_{生}$——湿地生态系统生物栖息地价值（元/年）；

$S_{生}$——单位面积湿地的避难所价值 [元/（公顷·年）]；

A——湿地面积（公顷）。

9. 科研文化游憩功能

湿地为生态学、生物学、地理学、水文学、气候学以及湿地研究和鸟类研究的自然本底和基地，为诸多基础科研提供了理想的科学实验场所。同时，湿地自然景色优美，而且是大量鸟类和水生动植物的栖息繁殖地，因此还会吸引大量的游客前去观光旅游。湿地科研文化游憩功能价值计算公式：

$$U_{游憩}=P_{游} \cdot A \tag{1-72}$$

式中：$U_{游憩}$——湿地生态系统科研文化游憩价值（元/年）；

$P_{游}$——单位面积湿地科研文化游憩价值 [元/（公顷·年）]；

A——湿地面积（公顷）。

（三）草地生态系统

1. 保育土壤功能

草地生态系统具有土壤保持的作用，主要表现为减少土壤风力侵蚀和保持土壤肥力两方面。

（1）减少土壤风力侵蚀。

①物质量计算公式如下：

$$G_{土壤侵蚀}=A \cdot (M_0-M_1) \tag{1-73}$$

式中：$G_{土地侵蚀}$——减少草地土壤风力侵蚀量（吨/年）；

A——草地面积（公顷）；

M_0——实测无草覆盖下的风力侵蚀量 [吨/（公顷·年）]；

M_1——实测有草覆盖下的风力侵蚀量 [吨/（公顷·年）]。

②价值量计算公式如下：

$$U_{土壤侵蚀}=G_{土壤侵蚀} \cdot C_{土} \tag{1-74}$$

式中：$U_{土壤侵蚀}$——减少草地土壤风力侵蚀价值（元/年）；

$G_{土壤侵蚀}$——减少草地土壤风力侵蚀量（吨/年）；

$C_{土}$——挖取单位面积土方费用（元/吨）。

（2）保持土壤肥力。

①年保肥量。其计算公式如下：

$$G_N = A \cdot N \cdot (X_2 - X_1) \tag{1-75}$$

$$G_P = A \cdot P \cdot (X_2 - X_1) \tag{1-76}$$

$$G_K = A \cdot K \cdot (X_2 - X_1) \tag{1-77}$$

$$G_{有机质} = A \cdot M \cdot (X_2 - X_1) \tag{1-78}$$

式中：G_N——草地减少的氮流失量（吨／年）；

G_P——草地减少的磷流失量（吨／年）；

G_K——草地减少的钾流失量（吨／年）；

$G_{有机质}$——草地减少的有机质流失量（吨／年）；

X_1——有草覆盖下的风力侵蚀量［吨／（公顷·年）］；

X_2——无草覆盖下的风力侵蚀量［吨／（公顷·年）］；

N——草地土壤平均含氮量（％）；

P——草地土壤平均含磷量（％）；

K——草地土壤平均含钾量（％）；

M——草地土壤平均有机质含量（％）；

A——草地面积（公顷）；

②年保肥价值。年固土量中氮、磷、钾的物质量换算成化肥价值即为林分年保肥价值。本报告的草地年保肥价值以减少土壤风力侵蚀量中的氮、磷、钾数量折合成磷酸二铵化肥和氯化钾化肥的价值来体现。公式如下：

$$U_{肥} = \frac{G_{氮} \cdot C_1}{R_1} + \frac{G_{磷} \cdot C_1}{R_2} + \frac{G_{钾} \cdot C_2}{R_3} + G_{有机质} \cdot C_3 \tag{1-79}$$

式中：$U_{肥}$——草地年保肥价值（元／年）；

$G_{氮}$——草地减少的氮流失量（吨／年）；

$G_{磷}$——草地减少的磷流失量（吨／年）；

$G_{钾}$——草地减少的钾流失量（吨／年）；

$G_{有机质}$——草地减少的有机质流失量（吨／年）；

R_1——磷酸二铵化肥含氮量（％）；

R_2——磷酸二铵化肥含磷量（％）；

R_3——氯化钾化肥含钾量（％）；

C_1——磷酸二铵化肥价格（元／吨）；

C_2——氯化钾化肥价格（元／吨）；

C_3——有机质价格（元/吨）。

2. 草本养分固持功能

草地生态系统通过生态过程促使生物与非生物环境之间进行物质交换。绿色植物从无机环境中获得必需的营养物质，构造生物体，小型异养生物分解已死的原生质或复杂的化合物，吸收其中某些分解的产物，释放能为绿色植物所利用的无机营养物质。参与草地生态系统维持养分循环的物质种类很多，其中的大量元素有全氮、有效磷、有效钾和有机质等。

（1）氮固持。

物质量计算公式如下：

$$G_{氮}=Q_{干草} \cdot A \cdot R_{氮} \tag{1-80}$$

式中：$G_{氮}$——草地氮固持量（吨/年）；

$Q_{干草}$——不同草地类型年干草产量（吨/公顷）；

A——草地面积（公顷）；

$R_{氮}$——单位重量牧草的氮元素含量（%）。

价值量计算公式如下：

$$U_{氮}=G_{氮} \cdot P_{氮} \tag{1-81}$$

式中：$U_{氮}$——草地氮固持价值（元/年）；

$G_{氮}$——草地氮固持量（吨/年）；

$P_{氮}$——氮肥价格（元/吨）。

（2）磷固持。

物质量计算公式如下：

$$G_{磷}=Q_{干草} \cdot A \cdot R_{磷} \tag{1-82}$$

式中：$G_{磷}$——草地磷固持量（吨/年）；

$Q_{干草}$——不同草地类型年干草产量（吨/公顷）；

A——草地面积（公顷）；

$R_{磷}$——单位重量牧草的磷元素含量（%）。

价值量计算公式如下：

$$U_{磷}=G_{磷} \cdot P_{磷} \tag{1-83}$$

式中：$U_{磷}$——草地磷固持价值（元/年）；

$G_{磷}$——草地磷固持量（吨/年）；

$P_{磷}$——磷肥价格（元/吨）。

(3) 钾固持。

物质量计算公式：

$$G_{钾} = Q_{干草} \cdot A \cdot R_{钾} \tag{1-84}$$

式中：$G_{钾}$——草地钾固持量（吨/年）；

$Q_{干草}$——不同草地类型年干草产量（吨/公顷）；

A——草地面积（公顷）；

$R_{钾}$——单位重量牧草的钾元素含量（%）。

价值量计算公式：

$$U_{钾} = G_{钾} \cdot P_{钾} \tag{1-85}$$

式中：$U_{钾}$——草地钾固持价值（元/年）；

$G_{钾}$——草地钾固持量（吨/年）；

$P_{钾}$——钾肥价格（元/吨）。

3. 涵养水源功能

完好的天然草地不仅具有截留降水的功能，而且比空旷裸地有较高的渗透性和保水能力，对涵养土地中的水分有着重要的意义。天然草原的牧草因其根系细小，且多分布于表土层，因而比裸露地和森林有较高的渗透率。

涵养水源物质量计算公式：

$$G_{水} = 10R \cdot A \cdot J \cdot K \tag{1-86}$$

式中：$G_{水}$——草地涵养水源量（立方米/年）；

R——草地降水量（毫米）；

A——草地面积（公顷）；

J——产流降水量占降水总量的比例（%）；

K——与裸地比较，草地生态系统截留降水、减少径流的效益系数。

价值量计算公式如下：

$$U_{水} = G_{水} \cdot P \tag{1-87}$$

式中：$U_{水}$——草地涵养水源价值（元/年）；

$G_{水}$——草地涵养水源量（立方米/年）；

P——水资源市场交易价格（元/立方米）。

4. 固碳释氧功能

草地植物通过光合作用进行物质循环的过程中，可吸收空气中的 CO_2 并释放出 O_2，是陆地上一个重要的碳库。

（1）固碳。

物质量计算公式如下：

$$G_{植物碳}+G_{土壤碳}=Y \cdot A \cdot X \cdot 12/44+A \cdot H \cdot \rho \cdot C_i \cdot \lambda \tag{1-88}$$

式中：$G_{植物碳}$——草地植物固碳量（吨/年）；

$G_{土壤碳}$——草地土壤固碳量（吨/年）；

Y——草地单位面积产草量（千克/公顷）；

A——草地面积（公顷）；

X——草地植物的固碳系数 1.63；

H——草地计算深度（1 米）；

ρ——土壤容重（千克/立方米）；

C_i——草地土壤有机质含量（%）；

λ——有机质中碳含量（%）。

价值量计算公式如下：

$$U_{碳}=(G_{植物碳}+G_{土壤碳}) \cdot P_{碳} \tag{1-89}$$

式中：$U_{碳}$——草地固碳总价值（元/年）；

$G_{植物碳}$——草地植物固碳量（吨/年）；

$G_{土壤碳}$——草地土壤固碳量（吨/年）；

$P_{碳}$——固碳价格（元/千克）。

（2）释氧。

物质量计算公式如下：

$$G_{氧}=Y \cdot A \cdot X' \tag{1-90}$$

式中：$G_{氧}$——草地释放氧气的量（吨/年）；

Y——草地单位面积产草量（千克/公顷）；

A——草地面积（公顷）；

X'——草地释氧系数 1.19。

价值量计算公式：

$$U_{氧}=G_{氧} \cdot P_{氧} \tag{1-91}$$

式中：$U_{氧}$——草地释放氧气价值（元/年）；

$G_{氧}$——草地释放氧气量（吨/年）；

$P_{氧}$——氧气价格（元/千克）。

固碳释氧价值。计算公式如下：

$$U_{固碳释氧}=U_{碳}+U_{氧} \tag{1-92}$$

5. 净化大气环境功能

草地中有很多植物对空气中的一些有害气体具有吸收转化能力，同时还具有吸附尘埃净化空气的作用。

（1）吸收二氧化硫。

物质量计算公式如下：

$$G_{二氧化硫}=Q_{二氧化硫} \cdot A=M \cdot K_{二氧化硫} \cdot d \cdot A \tag{1-93}$$

式中：$G_{二氧化硫}$——草地吸收二氧化硫量（千克/年）；

$Q_{二氧化硫}$——草地单位面积吸收二氧化硫量（千克/公顷）；

A——草地面积（公顷）；

M——某类型草地单位面积产草量（千克/公顷）；

$K_{二氧化硫}$——每千克干草叶每天吸收二氧化硫的量[千克/（天·每千克干草）]；

d——牧草生长期（天）。

价值量计算公式如下：

$$U_{二氧化硫}=G_{二氧化硫} \cdot K/N_{二氧化硫} \tag{1-94}$$

式中：$U_{二氧化硫}$——草地吸收二氧化硫价值（元/年）；

$G_{二氧化硫}$——草地吸收二氧化硫量（千克/年）；

K——税额（元）；

$N_{二氧化硫}$——二氧化硫的污染当量值（千克）。

（2）吸收氟化物。

物质量计算公式如下：

$$G_{氟化物}=Q_{氟化物} \cdot A=M \cdot K_{氟化物} \cdot d \cdot A \tag{1-95}$$

式中：$G_{氟化物}$——草地吸收氟化物量（千克/年）；

$Q_{氟化物}$——草地单位面积吸收氟化物（千克/公顷）；

A——草地面积（公顷）；

M——某类型草地单位面积产草量(千克/公顷);

$K_{氟化物}$——每千克干草叶每天吸收氟化物的量[千克/(天·每千克干草)];

d——牧草生长期(天)。

价值量计算公式如下:

$$U_{氟化物}=G_{氟化物} \cdot K/N_{氟化物} \qquad (1\text{-}96)$$

式中:$U_{氟化物}$——草地吸收氟化物价值(元/年);

$G_{氟化物}$——草地吸收氟化物量(千克/年);

K——税额(元);

$N_{氟化物}$——氟化物的污染当量值(千克)。

(3) 吸收氮氧化物。

物质量计算公式如下:

$$G_{氮氧化物}=Q_{氮氧化物} \cdot A = M \cdot K_{氮氧化物} \cdot d \cdot A \qquad (1\text{-}97)$$

式中:$G_{氮氧化物}$——草地吸收氮氧化物量(千克/年);

$Q_{氮氧化物}$——草地单位面积吸收氮氧化物量(千克/公顷);

A——草地面积(公顷);

M——某类型草地单位面积产草量(千克/公顷);

$K_{氮氧化物}$——每千克干草叶每天吸收氮氧化物的量[千克/(天·每千克干草)];

d——牧草生长期(天)。

价值量计算公式:

$$U_{氮氧化物}=G_{氮氧化物} \cdot K/N_{氮氧化物} \qquad (1\text{-}98)$$

式中:$U_{氮氧化物}$——草地吸收氮氧化物价值(千克/年);

$G_{氮氧化物}$——草地积吸收氮氧化物量(千克/公顷);

K——税额(元);

$N_{氮氧化物}$——氮氧化物的污染当量值(千克)。

(4) 滞纳TSP。

物质量计算公式如下:

$$G_{TSP}=Q_{TSP} \cdot A \qquad (1\text{-}99)$$

式中:G_{TSP}——草地滞尘量(千克/年);

Q_{TSP}——草地单位面积滞纳TSP量(千克/公顷);

A——草地面积（公顷）。

价值量计算公式：

$$U_{\text{TSP}} = (G_{\text{TSP}} - G_{\text{PM}_{10}} - G_{\text{PM}_{2.5}}) \cdot A \cdot K/N_{\text{一般性粉尘}} + U_{\text{PM}_{10}} + U_{\text{PM}_{2.5}} \qquad (1\text{-}100)$$

式中：U_{TSP}——草地滞尘价值（元/年）；

G_{TSP}、$G_{\text{PM}_{10}}$、$G_{\text{PM}_{2.5}}$——实测草地滞纳的 G_{TSP}、$G_{\text{PM}_{10}}$、$G_{\text{PM}_{2.5}}$ 的量（千克/公顷）；

A——草地面积（公顷）；

K——税额（元）。

$N_{\text{一般性粉尘}}$——一般性粉尘污染当量值（千克）；

$U_{\text{PM}_{10}}$——草地年潜在滞纳 PM_{10} 的价值（元/年）；

$U_{\text{PM}_{2.5}}$——草地年潜在滞纳 $PM_{2.5}$ 的价值（元/年）。

（5）滞纳 PM_{10}。

物质量计算公式如下：

$$G_{\text{PM}_{10}} = 10 Q_{\text{PM}_{10}} \cdot A \cdot n \cdot \text{LAI} \qquad (1\text{-}101)$$

式中：$G_{\text{PM}_{10}}$——草地滞纳 PM_{10} 量（千克/年）；

$Q_{\text{PM}_{10}}$——草地单位面积滞纳 PM_{10} 量（克/平方米）；

A——草地面积（公顷）；

n——年洗脱次数；

LAI——叶面积指数。

价值量计算公式如下：

$$U_{\text{PM}_{10}} = G_{\text{PM}_{10}} \cdot K/N_{\text{炭黑尘}} \qquad (1\text{-}102)$$

式中：$U_{\text{PM}_{10}}$——草地滞纳 PM_{10} 价值（元/年）；

$G_{\text{PM}_{10}}$——草地滞纳 PM_{10} 量（千克/年）；

K——税额（元）；

$N_{\text{炭黑尘}}$——炭黑尘污染当量值（千克）。

（6）滞纳 $PM_{2.5}$。

物质量计算公式如下：

$$G_{\text{PM}_{2.5}} = 10 Q_{\text{PM}_{2.5}} \cdot A \cdot n \cdot \text{LAI} \qquad (1\text{-}103)$$

式中：$G_{\text{PM}_{2.5}}$——草地滞纳 $PM_{2.5}$ 量（千克/年）；

$Q_{\text{PM}_{2.5}}$——草地单位滞纳 $PM_{2.5}$ 量（克/平方米）；

A——草地面积（公顷）；

n——年洗脱次数；

LAI——叶面积指数。

价值量计算公式如下：

$$U_{PM_{2.5}} = G_{PM_{2.5}} \cdot K/N_{炭黑尘} \tag{1-104}$$

式中：$U_{PM_{2.5}}$——草地滞纳 $PM_{2.5}$ 价值（元/年）；

$G_{PM_{2.5}}$——草地滞纳 $PM_{2.5}$ 量（千克/年）；

K——税额（元）；

$N_{炭黑尘}$——炭黑尘污染当量值（千克）。

6. 提供产品功能

生态系统产品是指生态系统所产生的，通过提供直接产品或服务维持人的生活生产活动、为人类带来直接利益的产品。草地生态系统提供的产品可以归纳为畜牧业产品和植物资源产品两大类。畜牧业产品是指通过人类的放牧或刈割饲养牲畜，草地生态系统产出的人类生活必需的肉、奶、毛、皮等畜牧业产品。植物资源则主要包括食用、药用、工业用、环境用植物资源以及基因资源、保护种资源。

（1）草产品。

物质量计算公式如下：

$$G_{草} = A \cdot Y \tag{1-105}$$

式中：$G_{草}$——草产品产量（千克/年）；

A——草地面积（公顷）；

Y——草地单位面积产量（千克/公顷）。

价值量计算公式如下：

$$U_{草} = G_{草} \cdot P_{草} \tag{1-106}$$

式中：$U_{草}$——草产品价值（元/年）；

$G_{草}$——草产品产量（千克/年）；

$P_{草}$——牧草的单价（元/千克）。

（2）畜牧产品。

物质量计算公式如下：

$$G_{牲畜} = Q = \frac{\sum A \cdot Y \cdot R}{E \cdot D} \tag{1-107}$$

式中：$G_{牲畜}$——畜牧产品产量（只）；

Q——草地载畜量（只）；

A——可利用草地面积（公顷）；

Y——牧草单产（千克/公顷）；

R——牧草利用率；

E——牲畜日食量（千克/日）；

D——放牧天数（天）。

价值量计算公式如下：

$$U_{牲畜} = Q \cdot P \tag{1-108}$$

式中：$U_{牲畜}$——畜牧产品价值（元/年）；

Q——草地载畜量（只）；

P——牲畜单价（元/只）。

7. 生物多样性保护功能

草地生态系统是生物多样性的重要载体之一，为生物提供丰富的基因资源和繁衍生息的场所，发挥着物种资源保育功能。本研究根据 Shannon-Wiener 指数计算生物多样性保护价值，共划分 7 个等级：

当指数 <1 时，$S_{生}$ 为 3000 元/（公顷·年）；

当 1≤指数< 2 时，$S_{生}$ 为 5000 元/（公顷·年）；

当 2≤指数< 3 时，$S_{生}$ 为 10000 元/（公顷·年）；

当 3≤指数< 4 时，$S_{生}$ 为 20000 元/（公顷·年）；

当 4≤指数< 5 时，$S_{生}$ 为 30000 元/（公顷·年）；

当 5≤指数< 6 时，$S_{生}$ 为 40000 元/（公顷·年）；

当指数≥6 时，$S_{生}$ 为 50000 元/（公顷·年）。

8. 休闲游憩功能

草地生态系统独特的自然景观、气候特色和草原地区长期形成的民族特色、人文特色和地缘优势构成了得天独厚的生态旅游资源。在呼伦贝尔市，草原旅游已成为区域旅游产业的重要组成部分。计算公式如下：

$$U_{游憩} = G \cdot R' \tag{1-109}$$

式中：$U_{游憩}$——草地游憩功能价值（元）；

G——研究地旅游年总收入（元）；

R'——草地为主题的旅游收入占旅游总收入的比重（%）。

第二章
呼伦贝尔市生态空间资源概况

呼伦贝尔市地处内蒙古自治区东北部（东经115°31′～126°04′、北纬47°05′～53°20′），位于中国版图的"雄鸡之冠"，东西630千米、南北700千米，总面积25.3万平方千米，相当于山东和江苏两省面积之和，是中国面积最大的一个地级市，也是世界上土地管辖面积最大的城市。呼伦贝尔市东临黑龙江省，西、北与蒙古国、俄罗斯接壤，是中国、俄罗斯、蒙古国三国的交界地带，与俄罗斯、蒙古国有1733千米的边境线，是东北亚经济圈的重要组成部分。

呼伦贝尔市生态空间以森林、湿地和草地为主，其类型和状况决定了生态产品供给的数量、质量、分布和结构。在自然因素和人为因素的影响下，森林、湿地和草地资源的数量和质量始终处于动态变化中，及时掌握森林、湿地和草地资源状况，对于分析呼伦贝尔市生态空间生态产品价值和空间分布特征，加强对自然生态系统的管理和保护，提升生态产品供给能力具有重要意义。

第一节　森林资源

呼伦贝尔市大兴安岭森林是中国最大的寒温带明亮针叶林，林地面积人均占有量居全国之首。大兴安岭林区北部以兴安落叶松（*Larix gmelinii*）为主，包括我国最大的原始林区；中南腹部是以兴安落叶松和白桦（*Betula platyphylla*）为主的天然林区；岭东南是以白桦、蒙古栎（*Querus mongolica*）为主的次生林过渡带；岭西北是以白桦纯林为主的次生林过渡带；岭西南是以沙地樟子松（*Pinus sylvestris*）纯林为主的过渡带。兴安落叶松、樟子松、云杉（*Picea asperata*）、白桦、蒙古栎、杨树（*Populus simonii*）等优势树种组成的森林群落均为浅根性耐寒、喜光植物。另外，北部林区海拔1000米以上分布着偃松林

（Pinus pumila），海拔1000米以下分布着杜鹃（*Rhododendron simsii*）、杜香（*Rhododendron tomentosum*）及草类林型，谷地分布着以丛桦、越橘（*Vaccinium vitis-idaea*）等为主的灌丛化湿地。

一、森林资源空间格局

依据《第三次全国国土调查工作分类地类认定细则》，呼伦贝尔市林地主要为乔木林地、灌木林地和其他林地，其中乔木林地、灌木林地属于森林范畴。呼伦贝尔市森林资源分布不均，各旗市面积分布差异较大（图2-1），整体呈现出东部＞中部＞西部的分布特征。这与降水密切相关，呼伦贝尔市降水分布格局沿着经度地带性由东向西逐渐减少，湿润的气候适合植被生长，干旱地区植被较稀疏。因此，呼伦贝尔市的东部主要分布的是森林，西部分布的是草原和沙地。呼伦贝尔市各旗市中，鄂伦春自治旗、额尔古纳市、根河市和牙克石市森林资源面积均在160万公顷以上，其面积之和占呼伦贝尔市森林总面积的75.07%。

> 乔木林地：指乔木郁闭度≥0.2的林地，不包括森林沼泽。
> 灌木林地：指灌木覆盖度≥40%的林地，不包括灌丛沼泽。
> 其他林地：包括疏林地（树木郁闭度≥0.1、＜0.2的林地）、未成林地、迹地、苗圃等林地。

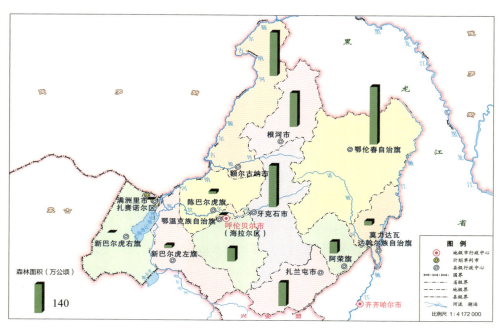

图2-1 呼伦贝尔市森林面积空间分布

二、森林资源数量状况

呼伦贝尔市森林面积占林地总面积的 98.84%，其中乔木林地和灌木林地占比分别为 97.34% 和 1.50%（图 2-2）。呼伦贝尔市不同区域森林面积分布情况如图 2-3，其中鄂伦春自治旗森林面积最大，占总面积的 24.47%；额尔古纳市森林面积位居第二，占总面积的 18.60%；之后依次为牙克石市、根河市和扎兰屯市，分别占总面积的 17.55%、14.44% 和 9.99%；森林面积最小的依次为满洲里市、新巴尔虎右旗和海拉尔区，三者森林面积之和仅占总面积的 0.09%。此外，除新巴尔虎右旗的灌木林地面积较高以外，其余旗市灌木林地面积均小于 25%（图 2-4）。

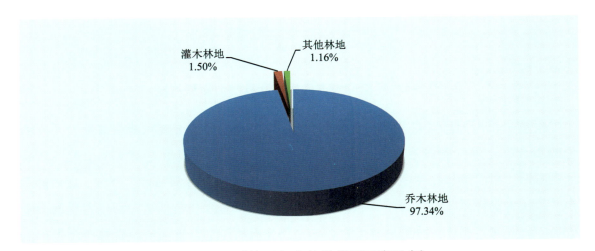

图 2-2　呼伦贝尔市林地类型面积比例

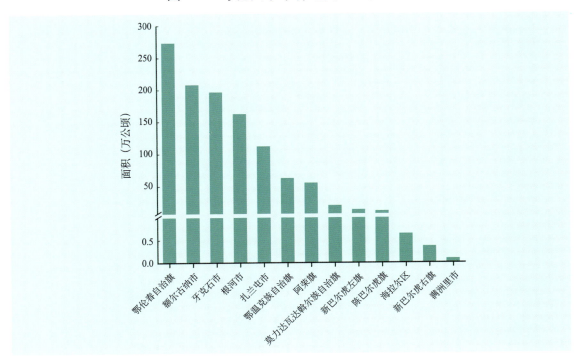

图 2-3　呼伦贝尔市各旗市森林面积

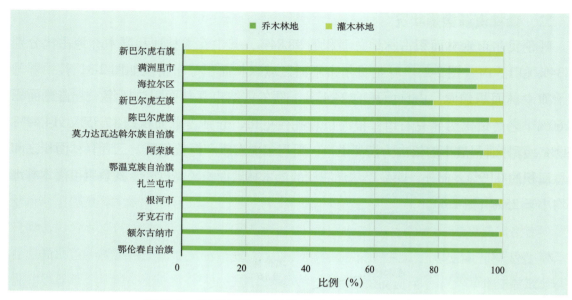

图 2-4　呼伦贝尔市各旗市森林类型面积占比

呼伦贝尔市不同区域森林蓄积量如图 2-5，其中额尔古纳市森林蓄积量最大，占总蓄积量的 26.17%；鄂伦春自治旗森林蓄积量位居第二，占总蓄积量的 21.47%；第三至第五为牙克石市、根河市和扎兰屯市，分别占总面积的 18.83%、14.31% 和 7.88%；森林蓄积量最小的依次为满洲里市、海拉尔区和新巴尔虎右旗，三者森林蓄积量之和仅占总蓄积量的 0.02%。与 2014 年相比，呼伦贝尔市森林总蓄积量有所增加，这与实施森林资源保护、自然保护区建设、森林公园建设、森林管护等手段有关。

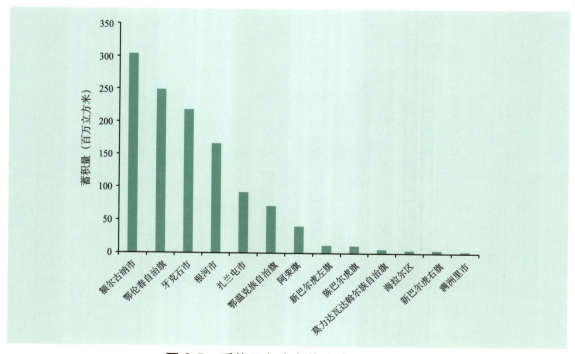

图 2-5　呼伦贝尔市各旗市森林蓄积量

三、森林资源质量和稳定性分析

1. 质量分析

森林质量的高低是决定森林生态系统功能能否充分发挥的关键因素，在保障木材产量供给、维护国家生态安全方面具有重要作用。研究者通常根据研究目的，选择适合的指标评价森林资源质量状况，例如森林单位面积蓄积量、单位面积生长量、森林健康状况等指标。本研究以森林单位面积蓄积量指标来分析呼伦贝尔市森林资源质量状况。

2020年呼伦贝尔市森林单位面积蓄积量与2014年相比，增幅超过20%。呼伦贝尔市森林单位面积蓄积量的增加与其实施林木种苗及良种繁育、人工更新造林、森林抚育、林业有害生物防治、森林防火等措施有关。此外，以质量为先导，实行全过程的质量管理，逐步实现森林资源管理科学化、规范化的森林经营理念和管理方法也是促使呼伦贝尔单位面积蓄积量逐渐增加、森林质量逐渐提高的重要原因。

呼伦贝尔市森林单位面积蓄积量分布格局如图2-6所示，额尔古纳市单位面积蓄积量最高，在140立方米/公顷以上；其次是鄂温克自治旗、牙克石市和根河市，单位面积蓄积量在100～120立方米/公顷之间；鄂伦春自治旗、陈巴尔虎旗、扎兰屯市、新巴尔虎左旗和阿荣旗森林单位面积蓄积量在60～100立方米/公顷之间，其余旗市森林单位面积蓄积量在20～40立方米/公顷之间。

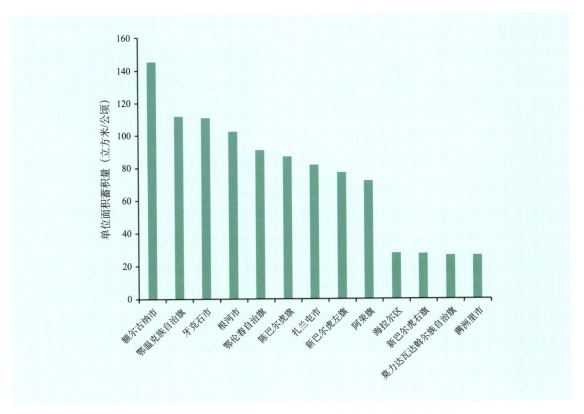

图2-6 呼伦贝尔市森林单位面积蓄积量分布格局

呼伦贝尔市不同优势树种组单位面积蓄积量如图2-7所示，樟子松组单位面积蓄积量最高，兴安落叶松和杨树次之，三者的单位面积蓄积量均大于100立方米/公顷；其余优势树种组的单位面积蓄积量均小于100立方米/公顷。

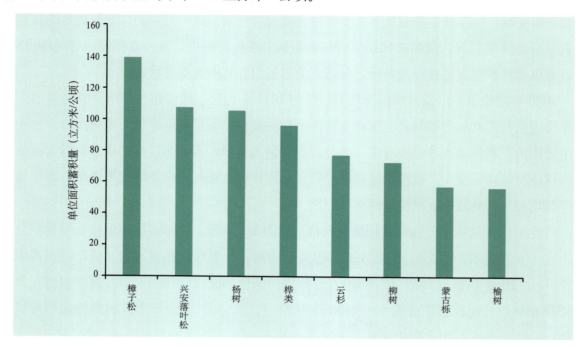

图2-7　呼伦贝尔市不同优势树种组单位面积蓄积量

2. 稳定性分析

生态系统稳定性是指生态系统抵抗外界干扰和干扰去除后恢复初始状态的能力（Huang，1995），其一般内涵包括：抵抗力（resistance），生态系统在达到演替顶级后，能够自我更新和维持，当面对外来干扰时生态系统内部在一定程度上能够自我调节；恢复力（resilience），指生态系统在遭到外界干扰破坏后恢复到原状的能力；持久力（persistence），指生态系统的结构和功能长期保持在较高水平；变异性（variability），指生态系统收到自然或人为干扰后，功能和结构波动较小，很快能够重新平衡（丁惠萍，2006）。

稳定性作为森林生态系统的重要属性，集中反映了群落中各种群的自身调节、种间竞争、种间联结状况，是多种林分因子、环境因子和外界干扰综合作用的结果。森林生态系统稳定性的影响因素主要包括物种组成、群落结构、年龄结构、生物多样性、土壤肥力、种间联结、抚育间伐、森林病虫害、林火干扰等方面。这是由于群落树种组成、径级和年龄结构等林分结构是森林生态系统最明显的特征，也是决定森林群落更新潜力、多样性、种间关系、影响林下凋落物和土壤特性的重要因素，反映了植被生长与环境的适应关系。多样性与群落稳定性关系复杂，一般而言，物种多样性的增加提高了森林生态系统的弹性阈值和稳定性，即物种多样性与稳定性表现为正相关。土壤是决定植物群落结构和影响森林生态系统稳定性的重要非生物因素。林地土壤通气性和持水量高，有机质和无机盐含量丰富，土壤微生物多样性好，有利于提高土壤中营养物质的分解、循环效率，增强土壤的生物活性和持水保肥性能，从而促进林地植被生长，提高森林群落稳定性。风雪灾害、自然火干扰和森林病虫害等自然干扰，一方面破坏了森林植被甚至改变森林生态系统的结构组成，使森林生态系统的抵抗力和生态服务能力降低；另一方面，雪灾或火灾会改变森林土壤理化性质、动物和微生物的群落结构，整个森林生态系统的物质循环与能量流动过程受到影响，进而对森林生态系统的稳定性造成很大的影响。抚育间伐则是对森林生态系统的人为干扰，研究表明，不同择伐强度对天然林或人工林的生产力、植物多样性和种间竞争关系均有影响，间伐减小了林分密度、改善了林内光照和土壤肥力等条件，有效提高了森林生态系统的植物多样性和稳定性。

呼伦贝尔市森林主要为天然原始林和天然次生林，研究表明优势树种组成单一、群落结构和林龄结构简单的人工林病虫灾害严重且控制困难，抵御恶劣气候的能力弱，易遭受风灾、雪灾危害，地力容易衰退，因而稳定性比天然林差（丁惠萍等，2006），所以从整体上看，呼伦贝尔市森林稳定性相对较好。对于天然林而言，不同森林群落类型因林分类型、土壤肥力、生物多样性和干扰等方面的原因，稳定性状况不同。呼伦贝尔市大兴安岭林区主要分布着针阔混交林、山杨林、蒙古栎林、白桦林和阔叶混交林等森林群落类型，研究表明这5种森林群落稳定性表现为针阔混交林＞阔叶混交林＞蒙古栎林＞白桦林＞山杨林（宋启亮，2014）。一方面是由于针阔混交林、阔叶混交林树种组成丰富、群落结构和林龄结构复杂，生物多样性较高；另一方面是由于针阔混交林和阔叶混交林土壤呼吸速率相对较高，土壤物质的代谢强度较强，土壤有机质的转化和氧化能力较高，为植物下部冠层提供了更丰富的碳源（冯朝阳等，2008），有利于保持森林群落的稳定性。呼伦贝尔市森林生态系统主要为针阔混交林，因此其森林稳定性相对较好。

提升森林生态系统质量和稳定性是林业和草原"十四五"规划的重要目标，呼伦贝尔市应加强混交林及立地条件较差地段（坡度大、海拔高）的灌木林的保护，同时加强树种单一、群落结构简单的低产低效林的改造力度，以提高森林质量和稳定性，充分发挥其综合生态功能。

四、森林资源结构

1. 树种结构

为了更好地分析不同树种资源的数量状况，选取兴安落叶松、樟子松、云杉、白桦、蒙古栎、杨树、柳树（*Salix babylonica*）、榆树（*Ulmus pumila*）、灌木林等优势树种（组），探讨呼伦贝尔市森林资源林种状况，为森林经营管理和政府决策等提供依据和参考。由图2-8可知，呼伦贝尔市森林资源中，兴安落叶松面积大于700万公顷，占森林总面积的64.73%；桦类次之，面积大于200万公顷，占森林总面积的26.41%；其余优势树种组面积均小于50万公顷，最小的是云杉。

呼伦贝尔市森林优势树种（组）蓄积量表现为兴安落叶松最大，占总蓄积量的68.32%；

其次是桦类，占总蓄积量的24.90%；这两个树种（组）占总蓄积量的93.22%；柳树、榆树和云杉的蓄积量较小，占总蓄积量的比例均小于1%（图2-9）。

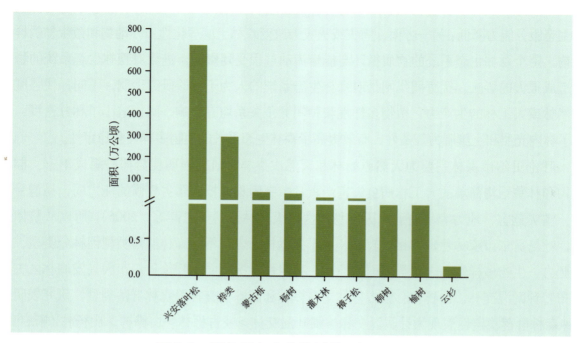

图2-8　呼伦贝尔市优势树种（组）面积

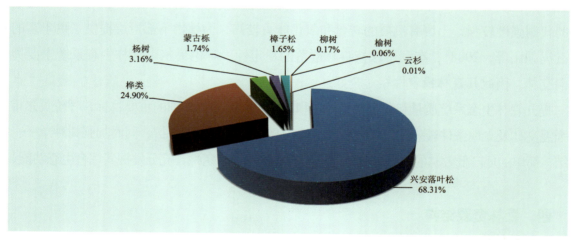

图2-9　呼伦贝尔市优势树种组蓄积量比例

由呼伦贝尔市各优势树种（组）面积和蓄积量占比可知，在呼伦贝尔市森林资源中兴安落叶松占主导优势，白桦次之。相关研究表明，兴安落叶松是大兴安岭林区稳定的气候演替顶级，在没有重大外力干预下，不会为其他群落所替代，即使在完全裸露的地段——皆伐迹地、弃耕地的农田、路边裸地，也可以不经过阔叶林阶段直接恢复成为兴安落叶松林。樟子松林是该气候区内干旱、半干旱生境上的沙质土壤演替顶级。樟子松的天然更新能力较强，在呼伦贝尔沙地东南边缘地带次生纯林分布。在大兴安岭山地，樟子松能在半干旱的阳坡三角崖面上生长，呈不连续的岛状分布。白桦林是在偏湿润的生境条件下，兴安落叶松林遭受破坏后形成的次级群落。它们几乎都出现在湿润的凹形缓坡上。与此相反，蒙古栎林却分布在岗顶、陡峭的阳坡等旱生境上。所有的次生群落，正在逐渐向兴安落叶松林演替。积极的人为措施，很容易将这类森林改造成兴安落叶松林（顾云春，1985）。呼伦贝尔市森林资源优势树种的现状，也印证了上述研究结论，作为演替顶级的兴安落叶松目前在森林资源面积和蓄积量上占绝对优势，其次是演替的次级群落白桦林，在目前的森林资源统计中排在第二位。

2. 龄级结构

根据生物学特性、生长过程及森林经营要求，将呼伦贝尔市乔木林按年龄阶段划分为幼龄林、中龄林、近熟林、成熟林和过熟林，不同林龄组的森林面积如图2-10，不同林龄组的森林蓄积量如图2-11。

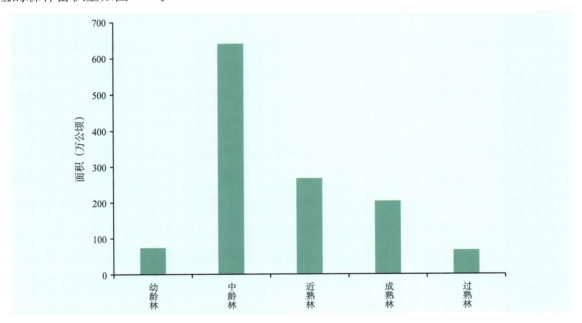

图 2-10 呼伦贝尔市不同林龄面积

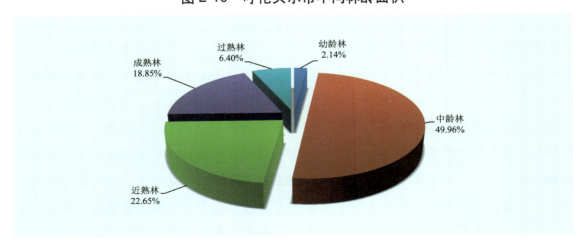

图 2-11 呼伦贝尔市不同龄林蓄积量比例

呼伦贝尔市森林资源表现为中龄林的面积最大，在 600 万公顷以上，占比为 51.43%；其次是近熟林和成熟林，在 200 万~300 万公顷之间，占比分别为 21.39% 和 16.25%；幼龄林和过熟林的面积均低于 75 万公顷，二者面积之和仅占不同龄林总面积的 10.93%。呼伦贝尔市不同林龄森林蓄积量表现为中龄林蓄积量最大，占比为 49.96%，近熟林和成熟林蓄积量紧随其后，占比分别为 22.65% 和 18.85%；幼龄林的蓄积量较小，占比仅为 2.14%。

五、森林生物多样性

呼伦贝尔市大兴安岭原始林区位于大兴安岭山脊的最北端，地处寒温型明亮针叶林带，是欧亚针叶林区的东西伯利亚泰加林区向南延伸到我国境内的一部分。大兴安岭森林植被主要建群种有兴安落叶松、白桦、樟子松等，植物有岩高兰（*Empetrum nigrum*）、杜香、七瓣莲（*Trientalis europaea*）等，以及钻天柳（*Salix arbutifolia*）、稠李（*Prunus padus*）、野豌豆（*Vicia sepium*）、大叶章（*Deyeuxia purpurea*）等泛北极或极地植物。由于立地环境和海拔的不同，作为大兴安岭林区的主要树种——落叶松与其他物种形成了不同的落叶松森林类型，例如杜鹃—兴安落叶松林、越橘—兴安落叶松林、杜香—兴安落叶松林、草类—兴安落叶松林及白桦—兴安落叶松林等。

大兴安岭植被较丰富，通过调查统计及参考文献资料分析，本区共有维管束植物 92 科 373 属 1062 种（含变种、变型）。其中，蕨类植物 12 科 20 属 40 种，裸子植物 2 科 4 属 5 种，被子植物 78 科 349 属 1017 种。被子植物科属种分别占维管束植物科属种的 84.78%、93.57%、95.76%，在数量上占绝对优势。其次是蕨类植物，最少是裸子植物。

另外，大兴安岭北部原始林区，具有泛北极、北极高山、西伯利亚等生物区系的珍稀物种和遗传资源。据统计，本区共有国家级重点保护野生植物 6 种，其中野大豆（*Glycine soja*）、钻天柳、浮叶慈姑（*Sagittaria natans*）、黄耆（*Astragalus membranaceus*）属于国家二级保护野生植物，被列入《世界自然保护联盟濒危物种红色名录》。

呼伦贝尔大兴安岭林区野生动物种类和数量繁多，在绿色中繁衍生息着寒温带马鹿（*Cervus elaphus*）、驯鹿（*Rangifer tarandus*）、驼鹿（*Alces alces*）、梅花鹿（*Cervus nippon*）、棕熊（*Ursus arctos*）、紫貂（*Martes zibellina*）、花尾榛鸡（*Tetrastes*）、雉鸡（*Phasianus colchicus*）、小天鹅（*Cygnus columbianus*）、獐（*Hydropotes inermis*）、麋鹿（俗称四不像，*Elaphurus davidianus*）、野猪（*Sus scrofa*）、乌鸡（*Gallus domesticlus brisson*）、雪兔（*Lepus timidus*）、狍子（*Capreolus pygargus*）等各种珍禽异兽 400 余种，是中国高纬度地区不可多得的野生动物乐园。全市有脊椎野生动物 4 纲 29 目 83 科 489 种，占自治区的 70% 以上，居第一位；在这些动物中，国家一级、二级保护野生动物和自治区保护野生动物有 80 余种，主要分布在大兴安岭森林、呼伦贝尔草原和湖泊一带。全市鸟类 328 种，分属于 18 目 56 科，《中日保护鸟及其栖息环境协定》的鸟类就有 130 多种，受国家保护的鸟类 60 多种，如丹顶鹤（*Grus japonensis*）、白头鹤（*Grus monacha*）、白枕鹤（*Grus vipio*）、白鹤（*Grus leucogeranus*）等。

第二节 湿地资源

湿地是地球表层系统的重要组成部分，是自然界最具生产力的生态系统和人类文明的发祥地之一。呼伦贝尔市湿地资源丰富，湿地面积约占内蒙古自治区湿地面积的 49.79%（国家林业局，2015），湿地类型多样，包含森林、草原、河流与湖泊等，是中国北方寒旱区重要湿地生态区域，是众多湿地迁徙水禽重要栖息地、越冬地，发挥着重要的湿地生态系统服务功能。

一、湿地资源空间格局

呼伦贝尔市湿地资源空间分布状况如图 2-12 所示，整体呈现出从东北向西南逐渐减少的分布特征。各旗市中，鄂伦春自治旗和牙克石市湿地面积最高，均在 40 万公顷以上，其次为根河市和额尔古纳市，湿地面积均在 20 万～40 万公顷之间，上述旗市湿地面积之和占呼伦贝尔市湿地总面积的 62.36%。海拉尔区和满洲里市湿地面积最少，均小于 2 万公顷。

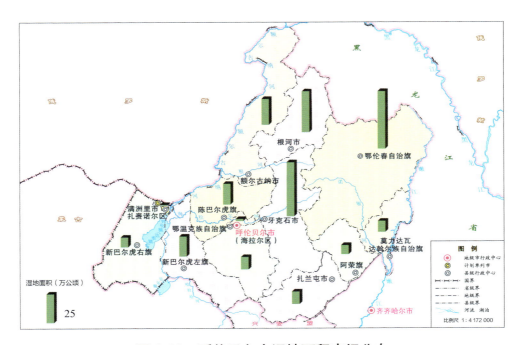

图 2-12 呼伦贝尔市湿地面积空间分布

二、湿地资源数量状况

依据《第三次全国国土调查工作分类地类认定细则》，呼伦贝尔市湿地类型主要包括森林沼泽、灌丛沼泽、沼泽草地、内陆滩涂和沼泽地五种类型。其中沼泽草地的面积最大，占湿地总面积的 59.92%；其次是森林沼泽和灌丛沼泽，分别占湿地总面积的 27.31% 和 8.39%；沼泽地的面积最小，仅占 0.61%（图 2-13）。

> 森林沼泽：以乔木森林植物为优势群落的淡水沼泽。
> 灌丛沼泽：以灌丛植物为优势群落的淡水沼泽。
> 沼泽草地：以天然草本植物为主的沼泽化的低地草甸、高寒草甸。
> 内陆滩涂：指河流、湖泊常水位至洪水位间的滩地；时令湖、河洪水位以下的滩地；水库、坑塘的正常蓄水位与洪水位间的滩地。包括海岛的内陆滩地。不包括已利用的滩地。
> 沼泽地：指经常积水或渍水，一般生长湿生植物的土地。包括草本沼泽、苔藓沼泽、内陆盐沼等。不包括森林沼泽、灌丛沼泽和沼泽草地。

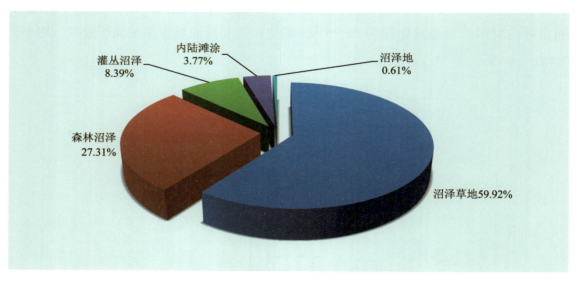

图 2-13 呼伦贝尔市不同湿地类型面积比例

呼伦贝尔市不同区域湿地面积如图 2-14 所示，各旗市区中湿地面积最大是鄂伦春自治旗和牙克石市，均在 45 万公顷以上，分别占湿地总面积的 20.12% 和 19.03%；其次为根河市、额尔古纳市、鄂温克族自治旗、陈巴尔虎旗和新巴尔虎右旗，湿地面积均在 15 万公顷以上，以上区域占湿地总面积的 44.93%；湿地面积最小的是满洲里市，仅占湿地总面积的 0.27%。此外，呼伦贝尔市各旗市湿地类型面积比例不同，根河市、额尔古纳市、牙克石市和鄂伦春自治旗的森林沼泽湿地面积占比较大,占比在20%～80%之间,其余旗市均为沼泽草地面积占比最大,占比在50%～80%之间(图2-15)。

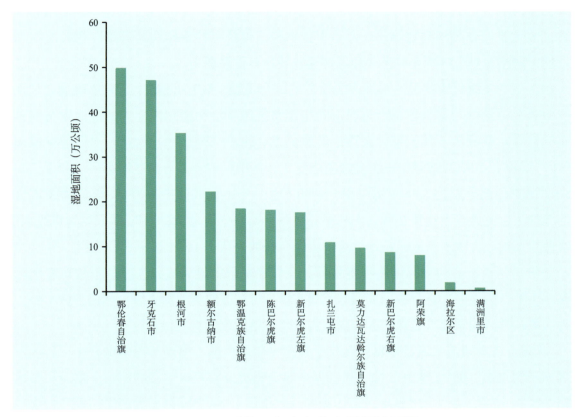

图2-14 呼伦贝尔市各旗市区湿地面积

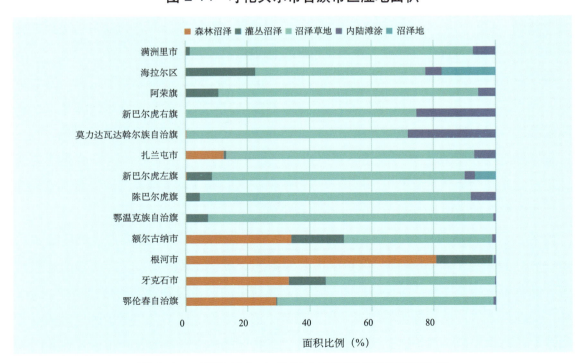

图2-15 呼伦贝尔市各旗市区湿地类型面积比例

三、湿地资源质量分析

湿地是陆地与水体的过渡地带，因此它同时兼具丰富的陆生和水生动植物资源，形成了其他任何单一生态系统都无法比拟的天然基因库和独特的生物环境。其特殊的土壤和气候提供了复杂且完备的动植物群落，对于保护物种、维持生物多样性具有难以替代的生态价值。健康的湿地对于维持人类生存和可持续发展具有重要意义。

湿地生态系统健康状况是湿地资源质量的综合反映。《中国陆地生态系统质量定位观测研究报告》湿地部分构建了综合反映湿地生态系统结构、功能和恢复力的湿地生态健康评价指标体系，并分析了我国第一次湿地资源调查（1995—2003年）到第二次湿地资源调查（2009—2013年）期间的湿地生态健康动态变化。其中，内蒙古自治区在第一次和第二次调查期间退耕还湿分别为3500公顷/年、4900公顷/年，湿地保护率为24.6%。内蒙古自治区的湿地生态健康综合指数在第一次和第二次调查期间分别为0.220、0.254，均为Ⅳ级水平。两次调查期间，内蒙古自治区湿地生态健康综合指数提高了15.1%。

呼伦贝尔市政府历来高度重视湿地保护工作，并取得显著成效。呼伦贝尔市有国际重要湿地1处，为内蒙古达赉湖国家级自然保护区；另有湿地类型国家级自然保护区2处，分别为内蒙古辉河国家级自然保护区和内蒙古额尔古纳国家级自然保护区。

内蒙古达赉湖国家级自然保护区位于呼伦贝尔市西部，横跨新巴尔虎右旗、新巴尔虎左旗和满洲里市，面积74万公顷，是以保护珍禽鸟类及其赖以生存的湖泊、草原和湿地等生态系统为主的综合性自然保护区。达赉湖（呼伦湖），是中国第五大湖泊，内蒙古第一大湖，是由达赉湖水系（部分）形成的集湖泊、河流、沼泽、灌丛、苇塘为主要组成部分的湿地生态系统，具有干旱草原区湿地的典型特征，原始性、自然性良好，为众多鸟类提供良好的栖息场所，同时为牧业、渔业、城市供水和旅游提供物质基础。

内蒙古辉河国家级自然保护区位于呼伦贝尔市西南部，处于鄂温克族自治旗、新巴尔虎左旗、陈巴尔虎旗内，总面积为346848公顷，主要保护对象为湿地、草原、森林生态系统及珍稀濒危鸟类。辉河湿地是呼伦贝尔草原东部最大的一条沼泽、湖泊型带状湿地，与达赉湖、俄罗斯达乌尔斯克、蒙古国达乌尔严格保护地共同构成了东北亚地区草原湿地生态系统，是东北亚乃至全球重要的生态屏障。该自然保护区的建立对于提高湿地资源质量、维护地区生物多样性的稳定具有不可替代的功能和价值。

内蒙古额尔古纳国家级自然保护区地处大兴安岭西北麓，位于内蒙古自治区额尔古纳市境内，总面积为124527公顷，保护区主要保护的对象：①保护大兴安岭北部山地原始寒温带针叶林森林生态系统；②保护栖息于该生态系统中的珍稀濒危野生动植物物种；③保护森林、湿地与额尔古纳河源头湿地复合生态系统。主要职能是保护自然保护区里森林资源和珍稀野生动植物安全，维护生态系统的多样性。保护区的建立，有效保护了这片在我国为数不多的原始寒温带针叶林及其赖以生存的珍稀濒危物种和遗传资源，以及森林、草甸、湿地等复合生态系统，为额尔古纳河上游水源涵养、水土保持和大兴安岭北部山地生物多样性的保护起到了积极的作用。

四、湿地生物多样性

内蒙古大兴安岭林区湿地植物区系的性质属于寒温带，少数属于温带。林区已知湿地植物79科178属384种。其中，苔藓植物19科22属50种；蕨类植物3科3属6种；裸子植物1科1属1种；被子植物56科152属327种。林区湿地面积虽然只占全国湿地面积的1.3%，但是植物科数、属数和种数分别占全国植物总科数、属数和种数的45.9%、36.0%和23.6%（张重岭等，2004）。

在湿地植物区系中，以莎草科种类最多，共有植物50种，占全部种类的13.0%；其次为禾本科，有植物26种，占全部种类的6.8%。其他优势植科有毛茛科、蔷薇科、菊科等。林区湿地植物区系地理成分主要有10个：①世界分布种，如芦苇（*Phragmites australis*）、狭叶香蒲（*Typha angustifolia*）、线叶眼子菜（*Potamogeton pusillus*）、穿叶眼子菜（*Potamogeton perfoliatus*）、千屈菜（*Lythrum salicaria*）等。②北温带种，如品藻（*Lemna trisulca*）、浮萍（*Lemna minor*）、狐尾藻（*Myriophyllum verticillatum*）、杉叶藻（*Hippuris vulgaris*）、沼生柳叶菜（*Epilobium palustre*）、沼委陵菜（*Comarum palustre*）、驴蹄草（*Caltha palustris*）、睡菜（*Menyanthes trifoliata*）、梅花草（*Parnassia palustris*）等。③大陆温带成分种，如大穗薹草（*Carex rhynchophysa*）、萍蓬草（*Nuphar pumila*）、水葱（*Schoenoplectus tabernaemontani*）、花蔺（*Butomus umbellatus*）等。④亚洲—北美成分种，如花锚（*Halenia corniculata*）、泽芹（*Sium suave*）、小白花地榆（*Sanguisorba tenuifolia*）等。⑤西伯利亚成分种，如毛赤杨（*Alnus hirsuta*）、乌拉草（*Carex meyeriana*）、柴桦（*Betula fruticosa*）、白花驴蹄草（*Caltha natans*）、兴安落叶松、瘤囊薹草（*Carex schmidtii*）、细叶沼柳（*Salix rosmarinifolia*）、五蕊柳（*Salix pentandra*）等。⑥北温带—北极成分种，如扇叶桦（*Betula middendorffii*）、灰脉薹草（*Carex appendiculata*）、小掌叶毛茛（*Ranunculus gmelinii*）、绣线菊（*Spiraea salicicifolia*）、地桂（*Chamaedaphne calyculata*）等。⑦东亚成分种，如地笋（*Lycopus lucidus*）等。⑧中国—日本成分种，如东方薹草（*Carex tungfangensis*）、小浮叶眼子菜（*Potamogeton vaseyi*）等。⑨北温带—热带成分种：如菖蒲（*Acorus calamus*）、睡莲（*Nymphaea tatragona*）、鸭跖草（*Commelina communis*）、香蒲（*Typha orientalis*）等。⑩温带亚洲成分种，如大叶章、亚洲蓍（*Achillea asiatica*）等。

此外，呼伦贝尔市湿地型自然保护区中蕴藏着丰富的动植物资源。例如内蒙古达赉湖国家级自然保护区有野生种子植物62科448种，鱼类6科30种，两栖爬行类2科2种；哺乳动物13科35种，其中国家二级保护野生动物有黄羊、水獭、兔狲（*Otocolobus manul*）3种；鸟类50科319种，其中国家一级保护鸟类有白鹤、丹顶鹤、白头鹤、金雕（*Aquila* chrysaetos)、白肩雕（Aquila heliaca）、遗鸥（Larus relictus）、大鸨（Otis tarda）、玉带海雕（Haliaeetus leucoryphus）和黑鹳（Ciconia nigra）共9种；国家二级保护鸟类有43种，如：灰鹤（Grus grus）、乌雕（Aquila clanga）等。

内蒙古辉河国家级自然保护区分布有鸟类38科187种，其中丹顶鹤、大鸨等国家一级保护鸟类9种，大天鹅（Cygnus cygnus）、白琵鹭（Platalea leucorodia）等国家二级保护鸟类27种；鱼类8科31种；两栖爬行类3科10种；兽类15科42种，其中国家二级保护哺乳动物4种；植物60科199属344种。

内蒙古额尔古纳国家级自然保护区共有野生植物155科858种，其中钻天柳、浮叶慈菇、东北岩高兰为国家二级保护野生植物；脊椎动物71科329种，其中兽类14科56种，国家一级保护野生动物3种 [紫貂（Martes zibellina）、貂熊（Gulo gulo）、原麝（Moschus moschiferus）]，国家二级保护野生动物有6种 [棕熊、水獭、猞猁（Lynx lynx）、雪兔、马鹿、驼鹿]；鸟类40科227种，其中国家一级保护鸟类有8种 [黑鹳、金雕、白尾海雕、玉带海雕、细嘴松鸡（Tetrao parvirostris）、白头鹎（Pycnonotus sinensis）、白鹤、丹顶鹤]，国家二级保护鸟类有35种 [角䴙䴘（Podiceps auritus）、大天鹅、小天鹅、鹗（Pandion haliaetus）、黑鸢（Milvus migrans）、苍鹰（Accipiter gentilis）、雀鹰（Accipiter nisus）、松雀鹰（Accipiter virgatus）、普通鵟（Buteo japonicus）、毛脚鵟（Buteo lagopus）、乌雕、白尾鹞、鹊鹞（Circus melanoleucos）、白头鹞（Circus aeruginosus）、矛隼（Falco rusticolus）、游隼（Falco peregrinus）、燕隼（Falco subbuteo）、灰背隼（Falco columbarius）、红隼（Falco tinnunculus）、黑琴鸡（Lyrurus tetrix）、柳雷鸟（Lagopus lagopus）、花尾榛鸡、灰鹤、白枕鹤、蓑羽鹤（Anthropoides virgo）、小鸥（Larus minutus）、红角鸮（Otus sunia）、猛鸮（Surnia ulula）、花头鸺鹠（Glaucidium passerinum）、长尾林鸮（Strix uralensis）、乌林鸮（Strix nebulosa）、长耳鸮（Asio otus）、短耳鸮（Asio flammeus）、鬼鸮（Aegolius funereus）、雪鸮（Bubo scandiacus）]。此外，保护区有鱼类31种，昆虫626种。

第三节　草地资源

呼伦贝尔草原位于大兴安岭西麓的呼伦贝尔高原上，是我国温带草甸草原分布最集中、最具代表性的地区。呼伦贝尔草原东部是森林区与草原区的交错地带，植被类型组合丰富，生产力高，既有优良天然草场和部分天然林，又有较大面积的农垦地，为农、牧、林业生产的综合经营提供了有利的资源与环境条件。呼伦贝尔草原的中西部是波状起伏的高平原，沉积物以厚度不等的沙层或沙砾层为主，沿海拉尔河南岸及其以南的地区还有沙地的断续分布。地带性植被以大针茅草原为主，广泛分布在排水良好的平原上，土壤多是轻壤或沙壤质的厚层暗栗钙土与栗钙土。在半干旱气候的典型草原栗钙土的土地上不能进行稳定的旱作农业。因此，在长期的历史上，呼伦贝尔草原中西部始终是以畜牧业为主的牧区。

一、草地资源空间格局

呼伦贝尔市草地资源空间分布状况如图 2-16 所示，整体呈现出西南＞东北的变化特征。不同旗市的草地资源存在差异，新巴尔虎右旗草地面积最高，在 200 万公顷以上，其次为新巴尔虎左旗和陈巴尔虎旗，草地面积均在 120 万公顷以上，上述旗市草地面积之和占呼伦贝尔市草地总面积的 73.38%。根河市草地面积最少，小于 1 万公顷。

图 2-16　呼伦贝尔市草地面积空间分布

二、草地资源数量状况

依据《第三次全国国土调查工作分类地类认定细则》，呼伦贝尔市草地主要分为天然牧草地、人工牧草地和其他草地三种类型，其中天然牧草地的面积最大，占草地总面积的 93.18%，主要分布在新巴尔虎左旗、新巴尔虎右旗和陈巴尔虎旗；其次是其他草地，占草地总面积的 6.40%，主要分布在海拉尔区和额尔古纳市；人工牧草地的面积最小，仅占草地总面积的 0.42%，主要分布在鄂温克族自治旗和鄂伦春自治旗（图 2-17）。

> 天然牧草地：指以天然草本植物为主，用于放牧或割草的草地，包括实施禁牧措施的草地，不包括沼泽草地。
> 人工牧草地：指人工种植牧草的草地。
> 其他草地：指树木郁闭度＜0.1，表层为土质，不用于放牧的草地。

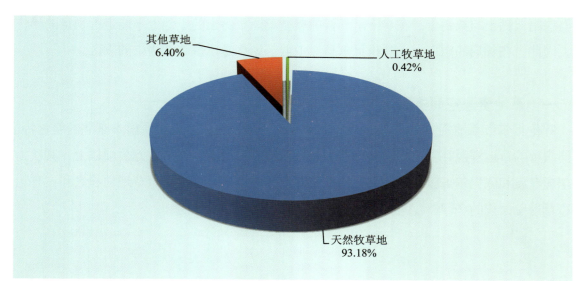

图 2-17 呼伦贝尔市不同草地类型面积比例

呼伦贝尔市不同区域草地面积如图 2-18 所示,各旗市区中草地面积最大的依次是新巴尔虎右旗和新巴尔虎左旗,均在 150 万公顷以上,分别占草地总面积的 32.16% 和 22.86%;其次为陈巴尔虎旗和鄂温克族自治旗,草地面积均在 80 万公顷以上,以上区域草地面积之和占草地总面积的 32.16%;草地面积最小的是根河市,仅占总面积的 0.04%(图 2-19)。

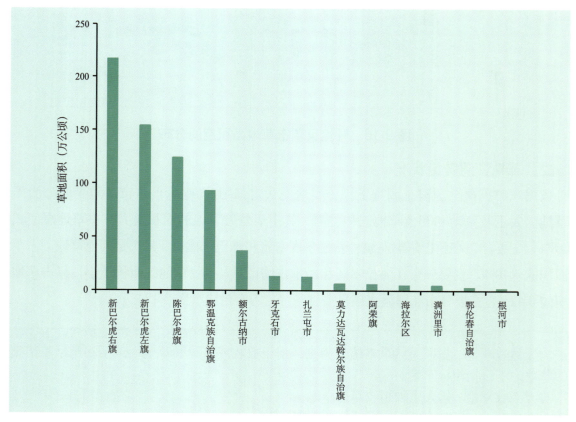

图 2-18 呼伦贝尔市各旗市区草地面积

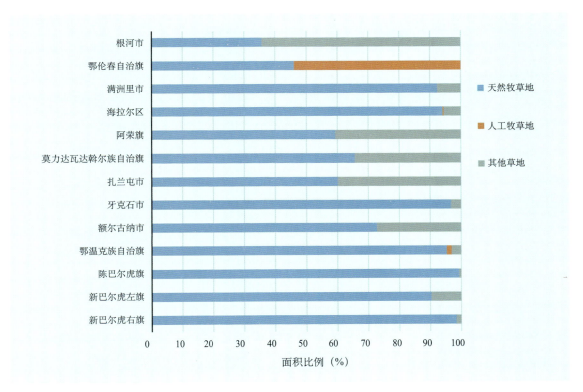

图 2-19　呼伦贝尔市各旗市区草地类型面积比例

三、草地资源质量分析

草地等级标志着草地资源质量的优劣和产量的高低，也是间接评定草地生产能力的一种方法。《中国呼伦贝尔草地》把天然草地划分为优（粗蛋白含量 >15%）、良（粗蛋白含量 10%～15%）、中（粗蛋白含量 8%～10%）、低（粗蛋白含量 5%～8%）、劣（粗蛋白含量 <5%）5 个等级，把各等牧草在草群中的比重多少作为划分草地等级的唯一依据，将草地分为 5 个等级，用 I（优等牧草占 60% 以上）、II（优、良等牧草占 60% 以上）、III（优、良、中等牧草占 60% 以上）、IV（优、良、中、低等牧草占 60% 以上）、V（劣等牧草占 60% 以上）来表示。根据上述天然草地等级划分原则与标准，呼伦贝尔天然草地划分为 5 个等级，其中 II 等草地可利用面积最高，占全市的 45.65%；其次是 III 等草地，占 30.74%；IV、I、V 等草地可利用面积较少，分别占 14.69%、7.42% 和 1.50%。这主要是因为在呼伦贝尔市草地中，温性干草原类草地面积最大，其草质优良，使得 I、II 等草地占全市草地可利用面积的 53.07%（潘学清，1991）。

I 等草地主要草地类型是具有少量小叶锦鸡儿（*Caragana microphylla*）的羊草（*Leymus chinensis*）、杂类草草地型和冷蒿（*Artemisia frigida*）、大针茅（*Stipa grandis*）草地型，仅分布在 "牧业四旗（新巴尔虎左旗、新巴尔虎右旗、陈巴尔虎旗、鄂温克族自治旗）"、满洲里市和额尔古纳市，其中陈巴尔虎旗可利用草地面积最大，占 I 等草地可利用总面积的 65.56%，其次为新巴尔虎右旗和鄂温克族自治旗，占比分别为 14.57% 和 9.80%，新巴尔虎左旗、满洲里市和额尔古纳市所占比例较小。Ⅱ等草地包括的草地类型多样，主要有羊草、短芒大麦草（*Hordeum brevisubulatum*）、狼针草（*Stipa baicalensis*）、大针茅、西北针茅（*Stipa sareptana*）、冷蒿、碱韭（*Allium polyrhizum*）等建群种和优势种分别所形成的各类草地，主要分布在新巴尔虎左旗、新巴尔虎右旗、鄂温克族自治旗和额尔古纳市，分别占该等草地可利用总面积的 35.24%、23.94%、12.19% 和 11.25%，其他旗市分布面积较小。Ⅲ等草地的主要组成成分有柄状薹草（*Carex pediformis*）、三穗薹草（*Carex tristachya*）、线叶菊（*Filifolium sibiricum*）、裂叶蒿（*Artemisia tanacetifolia*）、巨序剪股颖（*Agrostis gigantea*）、芨芨草（*Neotrinia splendens*）、红砂（*Reaumuria songarica*）、碱蓬（*Suaeda glauca*）、碱茅（*Puccinellia distans*）、沙蒿（*Artemisia desertorum*）、盐蒿（*Artemisia halodendron*）等，分布于全市各地，其中新巴尔虎右旗、陈巴尔虎旗、牙克石市和鄂温克族自治旗分布面积最大，分别占该类型草地可利用总面积的 19.5%、18.21%、16.76% 和 14.20%，该等草地因受生境条件的限制，多季节性放牧利用或打草。Ⅳ等草地主要成分有胡枝子（*Lespedeza bicolor*）、野青茅（*Deyeuxia pyramidalis*）、丛薹草（*Carex caespitosa*）、柄状薹草、地榆（*Sanguisorba officinalis*）、黄花菜（*Hemerocallis citrina*）、拂子茅（*Calamagrostis epigeios*）、棘豆、日本毛莲菜（*Picris japonica*）等，除海拉尔区、额尔古纳市和新巴尔虎右旗之外，其他旗市均有分布，鄂伦春自治旗、阿荣旗、鄂温克族自治旗和新巴尔虎左旗分布面积较大，分别占该等草地可利用总面积的 51.57%、14.70%、8.79% 和 8.49%，该等草地只能冬季放牧利用，改良草地才能提高牧草利用率和草地生产能力。Ⅴ等草地面积最小，主要成分有塔头薹草、扁秆荆三棱（*Scirpus planiculmis*）、华南桂（*Cinnamomum austrosinense*）、镜子薹草（*Carex phacota*），仅分布于鄂伦春自治旗和阿荣旗，该等草地利用时间很短，利用率很低。

作为反映植被状况的一个重要遥感参数，归一化植被指数（NDVI）被广泛认为是反映植被生长状况，如植被绿度、覆盖度和活力的指示因子（王正兴和刘闯，2003）。NDVI 通过测量遥感影像的近红外和红光之间的差异来量化植被生长和健康状况，NDVI 的值越大则表示植被生长状况越好（Rouse et al.，1974）。研究表明，呼伦贝尔草原生长状况良好的区域主要分布在东部，生长状况差的区域主要集中于西南部（国家林业和草原局，2022）。

通过对比分析 2000 年和 2018 年的 NDVI 分布状况发现，与 2000 年相比，2018 年草原生长状况较差的区域明显减少，草原生长状况优秀的区域明显增加，其中呼伦贝尔草原北部和大兴安岭东侧的草原生长状况明显好转。通过对比分析 2018 年和 2000 年的 NDVI 差值发现，呼伦贝尔的大部分地区 NDVI 呈现增加的趋势，草原的整体生长状况呈现好转。

此外，研究还表明各典型草原区的草原生长状况在 2000—2018 年之间的变化趋势基本一致，均呈现出波动上升趋势。三个重点草原区中，科尔沁草原 NDVI 值最低，松嫩草原最高；呼伦贝尔草原为三个草原中增长速度最慢的，并且在 2002—2004 年、2006—2007 年、2014—2016 年分别出现 NDVI 值的波谷，但在 2016 年以后迅速回升。总体而言，在 2000—2018 年间，呼伦贝尔草原生长状况基本保持稳定但仍存在很大的提升空间，草原生长状况优秀和良好的面积占总面积的83%。由此可见，呼伦贝尔市草地质量在逐渐提高，这主要是呼伦贝尔市实施禁牧封育、草畜平衡、草原补贴和围栏放牧政策的缘故。

四、草地生物多样性

呼伦贝尔市地处针叶林、草原两个植被垂直地带，并毗邻常绿阔叶林区，有大兴安岭山地、内蒙古高原、额尔古纳河和嫩江水系的河谷平原地形条件，因而呼伦贝尔草地植物种类非常丰富，有维管束植物1352种（包括10个亚种、110个变种和12个变型）、隶属108科468属（表2-1）（潘学清，1991）。与内蒙古自治区相比，土地面积约占内蒙古自治区总面积的21.2%，植物科、属、种数量分别占全区植物科、属、种数量的82.4%、70.9%、56.0%。

表2-1　呼伦贝尔市植物区系科属种组成与内蒙古自治区比较

植物类群			呼伦贝尔市			内蒙古自治区		
			科	属	种	科	属	种
种子植物	裸子植物		3	5	6	3	7	22
	被子植物	双子叶植物	76	351	909	93	505	1676
		单子叶植物	18	98	281	19	158	523
	计		97	454	1196	115	671	2221
蕨类植物			11	14	24	13	20	50
维管束植物合计			108	468	1220	128	691	2271

呼伦贝尔草地植物种类多于30种的大科共有14个，含有10种以上30种以下的科有13个科。含属、种最多的是菊科，有51属、168种，占野生植物总种数的13.68%；其次是禾本科，含44属，108种，占8.58%；第三位是蔷薇科，含23属、66种，占5.33%；第四位是豆科，含18属、61种，占5.25%。以上四科共有野生植物403种，占全市种子植物种数的34%；共计含有136属，占全市种子植物属数30%。呼伦贝尔市典型草原主要的植物种类有大针茅（*Stipa grandis*）、西北针茅（*Stipa krylovii*）、糙隐子草（*Cleistogenes squarrosa*）、冰草（*Agropyron cristatum*）、薹草、寸草（*Carex duriuscula*）、冷蒿（*Artemisia frigida*）、小叶锦鸡儿（*Caragana microphylla*）等，主要以旱生植物为主。大针茅草原、羊草大针茅草原或羊草草原等为本区植被的代表类型。

内蒙古呼伦贝尔草原野生动物丰富，共有兽类6目17科52种（王文等，1997）。从分类系统看，呼伦贝尔草原以啮齿目、食肉目、翼手目种类最多，共有40种，约占全区种数的4/5。在科水平上以仓鼠科最多，其次为鼬科。鼠科分布广，在各生境中都有其分布。

兽类区系组成受环境密切制约。本区位于亚洲大陆中部，在动物地理区划上属古北界蒙新区、东部草原亚区，从种类的地理型上看，以古北界种类占优势，共有44种，占

84.6%，而东洋界仅8种。本区还属于蒙古高原的一部分，因此兽类中典型蒙古高原种类很多，如草兔（*Lepus capensis*）、五趾跳鼠（*Allactage sibirica*）、三趾跳鼠（*Dipus sagitta*）、达乌尔鼠兔（*Ochotona duarica*）、达乌尔黄鼠（*Citellus dauricus*）、布氏田鼠（*Microtus brandti*）、沙狐（*Vulpes corsac*）。大中型兽类中，普氏原羚（*Procapra przewalskii*）是典型草原动物，分布于蒙古国东方省和中国内蒙古呼伦贝尔市新巴尔虎右旗中蒙边境一带以及锡林郭勒盟部分地区。

食肉类中，狼（*Canis lupus*）是常见动物，赤狐（*Vulpes vulpes*）分布很广，沙狐分布范围狭小。在新巴尔虎右旗西部，赤狐和沙狐同域分布，赤狐喜欢丘陵地区，而沙狐多栖息在平坦的草原上。鼬科动物中艾鼬（*Mustela eversmanni*）是典型草原种类，黄鼬（*Mustela sibirica*）分布在居民点附近，而艾鼬在远离居民点生活，并且喜欢栖息在较干燥的草原上。

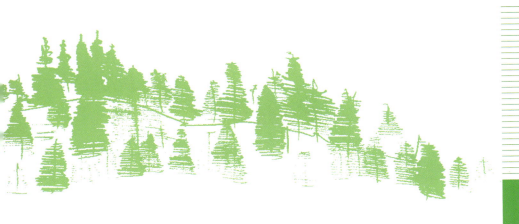

第三章
呼伦贝尔市生态空间绿色核算

呼伦贝尔市作为我国原生态保存最完好的地区之一,绿野广阔、林海莽莽、河湖润泽、黑土肥沃,构成了目前中国规模最大、最为完整的生态系统,同时是我国北方重要生态安全屏障的重要组成部分,对东北乃至华北具有不可替代的生态服务功能。对呼伦贝尔市生态空间生态服务功能进行评估,有助于呼伦贝尔市深入践行绿水青山就是金山银山理念,优化国土空间格局,加强生态保护修复,筑牢生态安全屏障,走生态优先、绿色发展为导向的高质量发展新路子。

第一节 生态空间绿色核算结果综合分析

呼伦贝尔市生态空间生态产品物质量分别为年涵养水源253.36亿立方米,年固碳量1742.25万吨(碳当量,折合成CO_2为6388.25万吨),年固土量7.5亿吨,年保肥量4331.82万吨,年吸收气体污染物量259.73万吨,年滞尘量2.44亿吨,年释氧量4710.92万吨,年植被养分固持量为257.93万吨。

生态空间生态产品总价值如表3-1所示,本次核算出生态产品总价值量为12310.27亿元/年,相当于当年全市GDP(1172.2亿元)的10.50倍,占内蒙古自治区GDP(17369.8亿元)的70.87%。其中,森林生态系统为7217.46亿元/年,湿地生态系统为3123.02亿元/年,草地生态系统为1969.79亿元/年。呼伦贝尔市生态空间生态产品价值量按照生态系统服务四大类别划分,调节服务、供给服务、支持服务、文化服务分别占总价值的54.79%、24.39%、15.58%、5.24%(表3-1)。

表 3-1 生态空间"四大服务"核算结果

服务类别	功能类别	价值量（亿元/年）		百分比（%）
支持服务	保育土壤	1582.39	1918.14	15.58
	养分固持	335.75		
调节服务	涵养水源	3133.08	6744.52	54.79
	固碳释氧	692.28		
	净化大气环境与降解污染物	2876.94		
	森林防护	42.22		
供给服务	栖息地与生物多样性保护	2409.68	3002.48	24.39
	提供产品	366.80		
	湿地水源供给	226.00		
文化服务	生态康养	645.13	645.13	5.24
总计		12310.27	12310.27	100.00

呼伦贝尔市生态空间生态产品价值量在空间上呈现非均匀分布，生态空间资源面积越大、质量越高、水热条件越好的区域，其价值量一般越高。这种分布格局特征在生态空间生态产品价值量的自然地理区域空间分布与各旗市空间分布中均有所体现（图3-1）。从空间分布上看，生态空间生态产品总价值量最高的为鄂伦春自治旗，为2371.95亿元/年，占全市生态空间生态产品总价值量的19.28%；其次为牙克石市、额尔古纳市和根河市，价值量在1400.00亿～2000.00亿元/年之间，占呼伦贝尔市生态空间生态产品总价值量的60.88%。呼伦贝尔市生态空间生态产品总价值量的分布整体上呈现出东部＞中部＞西部的趋势（图3-2），主要是受各旗市森林、湿地、草地等生态资源面积及生态系统类型比例差异的影响（图3-3）。例如鄂伦春自治旗生态空间总面积最大，其生态产品价值量也最大；额尔古纳市生态空间总面积大于牙克石市，但其价值量却相对较低，这与森林、湿地和草地生态系统类型占比有关，二者森林生态系统面积相近，牙克石市湿地生态系统面积是额尔古纳市的2倍左右，额尔古纳市草地生态系统面积是牙克石市的3倍左右，但单位面积湿地生态系统生态产品价值是单位草地生态系统的4.22倍，因此牙克石市生态空间生态产品总价值量高于额尔古纳市。新巴尔虎右旗、新巴尔虎左旗和陈巴尔虎旗生态空间总面积均高于扎兰屯市，但前三个旗市均为草地生态系统面积占比高，扎兰屯市森林生态系统面积占比高，单位面积森林生态系统生态产品价值量是单位面积草地生态系统的2.22倍，因此扎兰屯市生态空间生态产品总价值较高。

图 3-1　呼伦贝尔市生态空间生态产品价值量空间分布格局

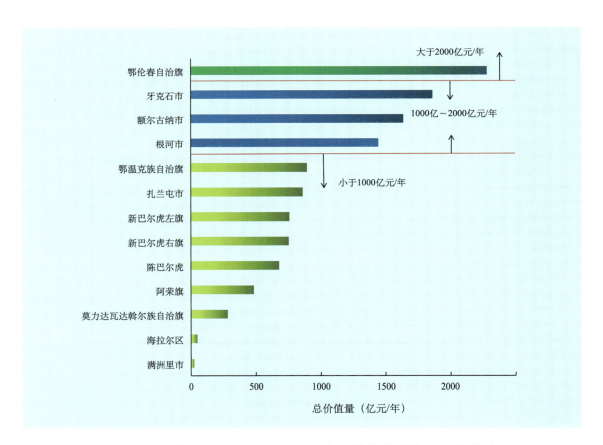

图 3-2　呼伦贝尔市生态空间生态产品总价值量旗市尺度排序

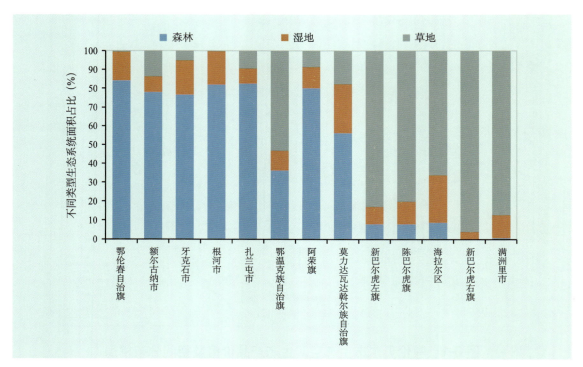

图 3-3 呼伦贝尔市各旗市不同生态系统类型面积占比

呼伦贝尔市各旗市生态空间生态产品价值量与 GDP 分布格局表现出生态环境与经济发展的非统一性（图 3-4）。例如海拉尔区和满洲里市城市化程度高，经济发展位居前列，但其生态空间生态产品价值量较低；额尔古纳市和根河市生态空间生态产品价值量较高，但其 GDP 较低，经济发展缓慢。因此，呼伦贝尔市各旗市应依托区域特色，合理利用生态空间

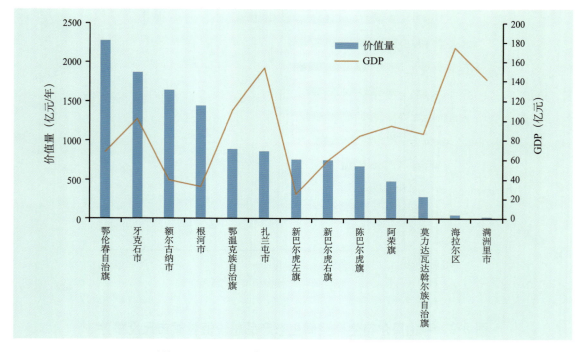

图 3-4 呼伦贝尔市生态空间生态产品价值量及 GDP 分布格局

第三章 呼伦贝尔市生态空间绿色核算

资源，严格控制重点风景名胜区的旅游开发，避开自然保护区的核心区、缓冲区、重点生态功能区，在加强生态保护的前提下开发旅游资源，促进区域经济发展，达到生态环境与社会经济发展的协调一致。生态空间资源在呼伦贝尔市生态安全、经济发展、社会和谐方面发挥着至关重要的作用。

第二节 生态空间"四大服务"绿色核算结果

一、生态空间支持服务

生态空间支持服务是支撑和维护其他类型生态系统服务可持续供给的一类服务，是生态系统服务进行有效配置的关键，其对于维持生态系统结构、生态系统功能和生态系统恢复力十分重要，其持续性的退化将不可避免地降低人类从其获得的各种收益。生态空间支持服务对于人类福祉的影响通常是间接的，由于缺乏现实的市场环境，以及影响效应需要长时间的积累才能体现，因此在制定生态系统管理相关决策时容易被忽略，进而导致其长期效益被短期效益所取代，从而造成区域生态系统的破环以及绿色发展能力的下降。呼伦贝尔市生态空间提供的支持服务一般主要包括保育土壤功能和植被养分固持功能，是为人类提供其他各项服务的根本保障，对维护呼伦贝尔市生态平衡和保障人类生命财产安全有不可替代的作用。

> 支持服务：生态空间土壤形成、养分循环和初级生产等一系列对于所有其他生态空间服务的生产必不可少的服务。

2020年，呼伦贝尔市生态空间支持服务价值量为1918.14亿元/年，生态空间支持服务价值量空间分布如图3-5所示，鄂伦春自治旗生态空间支持服务价值量最高，超过300亿元/年；其次为牙克石市、额尔古纳市、根河市，均超过200亿元/年，以上4个旗市生态空间支持服务价值量之和占全市生态空间支持服务总价值量的60.86%。这主要是由于相较于湿地生态系统和草地生态系统，森林生态系统保育土壤和植被养分固持能力较强，上述旗市森林资源面积占比较高，因而生态空间支持服务功能较高。

图 3-5　呼伦贝尔市生态空间支持服务价值量空间分布

二、生态空间调节服务

生态空间调节服务在全球气候方面发挥着至关重要的作用，可以调节全球和区域气候，是河流的重要补给源，对河流径流具有天然调节作用，同时可以改善生态环境，因此生态空间调节服务具有举足轻重的地位。呼伦贝尔市生态空间调节服务主要包括涵养水源、固碳释氧、净化大气环境与降解污染物和森林防护 5 项功能，这些功能的发挥为人类生存、生产、生活提供了良好的条件。

> 调节服务：人类从气候调节、疾病调控、水资源调节、净化水质和授粉等生态空间调节作用中获得的各种惠益。

2020 年，呼伦贝尔市生态空间调节服务价值量为 6744.52 亿元 / 年，空间分布如图 3-6 所示，鄂伦春自治旗和牙克石市生态空间调节服务价值量最高，超过 1000.00 亿元 / 年；其次为额尔古纳市、根河市和扎兰屯市，均超过 500.00 亿元 / 年，以上 6 旗市生态空间调节服务价值量之和占全市生态空间调节服务总价值量的 70.69%。呼伦贝尔市生态空间调节服务总体表现为东部＞中部＞西部，这主要是由于森林生态系统调节服务显著强于湿地生态系统和草地生态系统，森林生态系统主要分布在东部和中部地区，因而生态空间调节服务功能较高。

图 3-6　呼伦贝尔市生态空间调节服务价值量空间分布

三、生态空间供给服务

生态空间供给服务与人类生活和生产密切相关，所供给产品的短缺对人类福祉会产生直接或间接的不利影响。在过去的时间里，人类为获取经济效益对这些产品的获取常在高于其可持续生产的水平上，通常导致产品产量在快速增长一段时间后最终走向崩溃。呼伦贝尔市生态空间供给服务主要包括提供产品、湿地水源供给和栖息地与生物多样性保护功能，这些功能的发挥与人类福祉息息相关，为获得可持续产品供给服务，要充分考虑生态空间的承载力和恢复力。

> 供给服务：人类从生态空间获得的食物、淡水、薪材、生化药剂和遗传资源等各种产品。

2020 年，呼伦贝尔市生态空间供给服务价值量为 3002.48 亿元 / 年，空间分布如图 3-7 所示，鄂伦春自治旗生态空间供给服务价值量最高，超过 500.00 亿元 / 年；其次为牙克石市、额尔古纳市和根河市，均超过 300 亿元 / 年，以上 4 个旗市生态空间供给服务价值量之和占全市生态空间供给服务总价值量的 60.80%。

图 3-7　呼伦贝尔市生态空间供给服务价值量空间分布

四、生态空间文化服务

可持续发展是当今社会发展的主题,而生态空间生态服务功能是可持续发展的基础。不同于供给服务、调节服务、支持服务直接为人类生产生活提供保障,生态空间的各生态系统文化服务作为生态系统服务的重要组成部分,是连接社会与自然系统的桥梁,极大地满足了人们的精神需求。因此,深入研究生态空间文化服务不仅便于人们更加全面地认识生态系统,同时使政府决策时能够看到其潜在的社会文化附加价值,从而有利于地区的开发和保护,最终促进生态系统优化管理,保障社会经济的可持续发展。

> 文化服务：人类从生态空间获得的精神与宗教、消遣与生态旅游、美学、灵感、教育、故土情结和文化遗产等方面的非物质惠益。

2020 年,呼伦贝尔市生态空间文化服务价值量为 645.13 亿元/年,空间分布如图 3-8 所示,新巴尔虎右旗生态空间文化服务价值量最高,超过 100.00 亿元/年;其次为新巴尔虎左旗、鄂伦春自治旗、额尔古纳市、陈巴尔虎旗、鄂温克族自治旗和牙克石市,均超过 60 亿元/年,以上 7 个旗市生态空间文化服务价值量之和占全市生态空间文化服务总价值量的 82.36%。这是由于以上旗市拥有丰富的以草地、湿地资源为主体的风景名胜,吸引着中外游客到此参观游玩,放松身心,同时带动了区域的经济发展。

图 3-8 呼伦贝尔市生态空间文化服务价值量空间分布

第三节 生态空间生态产品绿色核算结果

一、生态空间"绿色水库"

水是生命之源，是人类赖以生存和发展的物质基础。随着人口增长和经济快速发展而来的水环境质量恶化和水资源需求量增加问题加剧，水资源短缺已成为公众关注的全球性热点问题。森林、湿地和草地作为生态空间的重要组成部分，发挥着涵养水源功能的"绿色水库"作用，对缓解水资源短缺和水环境恶化具有重要作用，其关键在于森林生态系统具有调节蓄水径流、缓洪补枯和净化水质等功能；湿地生态系统可以有效储存水分并缓慢释放，将水资源在时间和空间上再分配，进而调节洪峰高度，减少下游洪水风险；草地生态系统发挥着截留降水的功能且具有较高的渗透性和保水能力，对于调节径流具有重要意义。

> "绿色水库"指生态空间涵养水源功能，主要体现在蓄水、调节径流、削洪抗旱和净化水质等方面，是调节水量和净化水质功能之和。通过对降水的截留、吸收和下渗，对降水进行时空再分配，减少无效水，增加有效水。

2020 年，呼伦贝尔市生态空间涵养水源"绿色水库"总价值量为 3133.08 亿元（相当于内蒙古自治区水利总投资的 2.11 倍），鄂伦春自治旗、牙克石市、额尔古纳市和根河市等旗市涵养水源价值量在 300 亿元 / 年以上，合计占呼伦贝尔市生态空间涵养水源总价值量的 62.48%。各旗市生态空间涵养水源"绿色水库"价值量在空间上具有不均匀性（图 3-9），呈现出东部＞中部＞西部的格局，与各旗市降水量"东丰西枯"的空间分布具有一致性，生态空间发挥的绿色水库作用在调节水资源分布不平衡，促进水资源合理利用问题上发挥着不可替代的作用。总体而言，呼伦贝尔市生态空间在涵养水源，改善水环境质量方面贡献突出，充分发挥了生态空间"绿色水库"作用，可以有效避免水资源枯竭现象的出现，有利于实现呼伦贝尔市水资源的可持续利用。

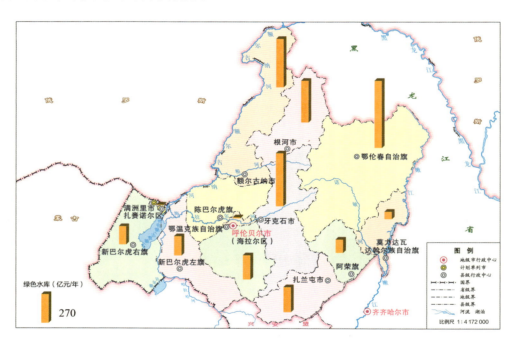

图 3-9　呼伦贝尔市生态空间"绿色水库"空间分布

二、生态空间"绿色碳库"

生态空间中，森林生态系统固定并减少大气中的二氧化碳，同时向大气中释放氧气，在维持大气二氧化碳和氧气的动态平衡、减少温室效应，缓解气候变化中发挥着不可替代的作用；湿地生态系统土壤温度低、湿度大、微生物活动弱、植物残体分解缓慢，土壤呼吸释放二氧化碳速率低，形成并积累大量的碳；草地生态系统固定二氧化碳形成有机质，对于调节大气组分动态平衡、维持人类生存的最基本条件起着至关重要的作用。森林、湿地、草地生态系统"碳中和"能力的发挥，对于应对气候变化，争取 2060 年前实现碳中和目标，履行国际义务，树立大国形象至关重要。

"绿色碳库"是生态空间碳中和功能，生态空间植被层通过光合作用将空气中的二氧化碳合成碳水化合物转化为生物量，同时释放出等当量的氧气。生态空间土壤层也是一个巨大的绿色碳库，土壤层通过有机碳的积累和储存，捕获并封存了通过植被层固定并迁移到土壤层的碳。绿色植物的"特异功能"，就是能够进行光合作用，从空气中捕获二氧化碳（灰碳），并转化为葡萄糖（绿碳），再经生化作用合成碳水化合物（绿碳）。生物链就是绿碳链。植物绿碳经由食物链传递，转化为动物体内碳水化合物（绿碳）。与光合作用对应的是呼吸作用。动植物通过呼吸作用把一部分绿碳重新转化为二氧化碳，并释放进入大气（灰碳），另一部分则构成生物机体，在机体内贮存（绿碳）。动植物死后，通过微生物分解作用，尸体中的碳（绿碳）成为二氧化碳排入大气（灰碳）。

2020年，呼伦贝尔市生态空间固碳释氧"绿色碳库"功能碳当量为1742.25万吨/年，折合成6388.25万吨二氧化碳，相当于中和了内蒙古自治区当年碳排放量的9.27%，总价值量为692.28亿元/年，在应对全球气候变化、发展低碳经济和推进节能减排的过程中发挥着不可替代的"绿色碳库"功能。各旗市生态空间固碳释氧"绿色碳库"价值量空间分布如图3-10所示，整体呈现出东北部大于西南部的特征，其中鄂伦春自治旗和额尔古纳市价值量在100亿元/年以上，牙克石市、根河市、新巴尔虎右旗、新巴尔虎左旗、鄂温克族自治旗和扎兰屯市等旗市价值量在50亿元/年以上，合计占呼伦贝尔市生态空间"绿色碳库"总价值量的86.19%。此外，呼伦贝尔市地处重点生态功能区（大小兴安岭森林生态功能区和呼伦贝尔草原草甸生态功能区）、生态脆弱区（东北林草交错生态脆弱区、北方农牧交错生态脆弱区）、生态屏障区（东北森林带）、全国重要生态系统保护和修复重大工程区（大小兴安岭森

图3-10　呼伦贝尔市生态空间"绿色碳库"空间分布

林生态保育区、内蒙古高原生态保护和修复区）等典型生态区，未来伴随着典型生态区生态修复措施的实施，新技术和新能源的使用和碳汇交易的开展，森林、湿地、草地等生态空间的"绿色碳库"功能将显著提高，同时促进全市国民经济的发展，为生态建设提供支持，为全市生态环境的改善作出巨大贡献。

研究表明，不同区域生态空间碳中和能力受全球气候变化和人类活动等要素的调控，特别是全球变化可能会促进陆地植被活动，进而影响生态空间碳汇大小，例如二氧化碳施肥效应、氮沉降、气候变化和土地覆盖变化等，尤其是近年来极端气候事件频发，给"碳达峰""碳中和"目标的实现带来了严峻挑战。呼伦贝尔市为实现"碳达峰""碳中和"的"3060"目标，一方面要紧紧围绕"五位一体"总体布局和"四个全面"战略布局，落实"两个屏障""两个基地""一个桥头堡"战略定位，着力构建以生态产业化，产业生态化为核心的绿色现代产业体系；另一方面还需要采取综合措施，发挥多方面的作用，促进森林、湿地、草地生态系统可持续高质量发展，充分发挥森林、湿地、草地等生态系统在减少、吸收和固定二氧化碳中的关键作用。

三、生态空间治污减霾"绿色氧吧库"

森林可以通过叶片吸附大气颗粒物与污染气体，在净化大气中扮演着重要的角色。此外，还可以提供大量的负离子作为一种无形的旅游资源供人类享用。湿地中的芦苇等植物以及微生物对水体中污染物质的吸收、代谢、分解、积累和减轻水体富营养化等具有重要作用，并且湿地由于水体面积大，其对于区域小气候的调节不可忽视。湿地生态系统具有降解和去除环境污染的作用，尤其是对氮、磷等营养元素以及重金属元素的吸收、转化和滞留具有较高的效率，能有效降低其在水体中的浓度；湿地还可通过减缓水流，促进颗粒物沉降，从而将其上附着的有害物质从水体中去除，有效净化水体环境，因此被誉为"地球之肾"。草地生态系统可以滞纳空气中的二氧化硫、粉尘等污染物，美化环境，为人类创造良好的居住环境。

> 治污减霾"绿色氧吧库"指生态空间净化大气、水体环境功能，是提供负离子、吸收气体污染物（二氧化硫、氮氧化物和氟化物）、降解污染、滞纳 TSP、滞纳 PM_{10} 和滞纳 $PM_{2.5}$ 功能之和。

2020 年，呼伦贝尔市生态空间治污减霾"绿色氧吧库"总价值量为 2876.94 亿元/年，各旗市生态空间"绿色氧吧库"价值量空间分布如图 3-11 所示，鄂伦春自治旗、牙克石市、额尔古纳市、根河市和扎兰屯市等旗市价值量在 200 亿元/年以上，合计占呼伦贝尔市生态空间"绿色氧吧库"总价值量的 74.40%。社会经济的快速发展在使得人民的生活水平提高的同时，增加了环境工业"三废"污染，而呼伦贝尔市生态空间的治污减霾"绿色氧吧库"

功能在区域清洁发展和创造可持续发展的生态福祉中发挥着重要作用。此外，呼伦贝尔市地处北方防沙带的东北森林带，是我国东北地区重要生态屏障，在阻止草原沙化、退化，减少水土流失、流沙面积增大等方面起到重要的防风固沙作用，对其他区域的环境净化具有重要作用。

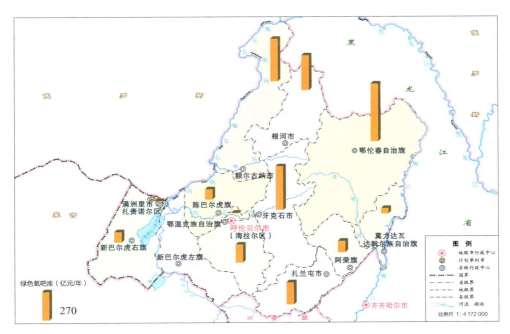

图 3-11　呼伦贝尔市生态空间"绿色氧吧库"空间分布

四、生态空间"绿色基因库"

近年来，生物多样性保护日益受到国际社会的高度重视，已经将其视为生态安全和粮食安全的重要保障，提高到人类赖以生存的条件和经济社会可持续发展基础的战略高度来认识。2021 年 10 月，联合国《生物多样性公约》第十五次缔约方大会在昆明举办，大会以"生态文明：共建地球生命共同体"为主题，旨在倡导推进全球生态文明建设，强调人与自然是生命共同体，强调尊重自然、顺应自然和保护自然，努力达成公约提出的到 2050 年实现生物多样性可持续利用和惠益分享，实现"人与自然和谐共生"的美好愿景。

保护生物多样性和景观旨在保护和恢复动植物群落、生态系统和生境以及保护和恢复天然和半天然景观，森林、草地和湿地生态系统作为重要的景观类型，均与维护生物多样性有着明确的关联，同时能够增加景观的审美价值（SEEA，2012）。森林生态系统为生物物种提供生存与繁衍的场所，对其中的动物、植物、微生物及其所拥有的基因及生物的生存环境起到保育作用，而且还为生物进化以及生物多样性的产生与形成提供了条件。湿地生态系统的高度异质性为众多野生动植物栖息、繁衍提供了基地，还是珍稀候鸟迁徙途中的重要栖息地，因而在保护生物多样性方面具有极其重要的价值。湿地还养育着许多野生物种，从中可培育出商业性品种，给人类带来更大的经济价值。草地生态系统为许多草地大型动物和昆虫提供了栖息地和庇护所，并且多数分布在降水少、气候干旱、生长季节短暂的区域，草本植被独特的耐旱、耐寒特性是目前国内外抗逆性基因研究的重点。森林、湿地和草地等生态系统发挥的生物多样性"基因库"功能为人类社会生存和可持续发展提供了重要支撑，有助于实现"人与自然和谐共生"的美好愿景。

> "绿色基因库"指生态空间生物多样性保护、生境提供功能。森林生态系统为生物物种提供生存与繁衍的场所，从而对其起到保育作用的功能；湿地生态系统的高度异质性为众多野生动植物栖息、繁衍提供了基地，因而在保护生物多样性方面有极其重要的价值；草地生态系统多数分布在降水少、气候干旱、生长季节短暂的区域，这些区域往往不适合森林的生长，而草本植被独特的耐旱、耐寒特性是目前国内外抗逆性基因研究的重点。

2020年，呼伦贝尔市生态空间"绿色基因库"总价值为2409.68亿元/年，占生态空间生态产品总价值量的19.57%；各旗市生态空间生物多样性保护"绿色基因库"价值量空间分布如图3-12所示，鄂伦春自治旗、牙克石市、额尔古纳市和根河市等旗市价值量在300亿元/年以上，合计占呼伦贝尔市生态空间"绿色基因库"总价值量的66.75%。总体而言，呼伦贝尔市生态空间为维护生物多样性发挥着不可替代的作用。此外，呼伦贝尔市地处重点生态功能区（大小兴安岭森林生态功能区和呼伦贝尔草原草甸生态功能区）和全国重要生态系统保护和修复重大工程区（大小兴安岭森林生态保育区、内蒙古高原生态保护和修复区）

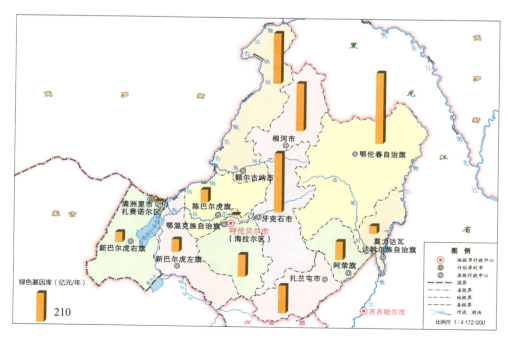

图3-12　呼伦贝尔市生态空间"绿色基因库"空间分布

等典型生态区，生态工程的实施将促进生物多样性保护基因库功能的提升，重视生态空间生物多样性"绿色基因库"功能，不仅为人类提供福祉，还可以为动植物提供生存生长环境，对于维持区域生态平衡、保护珍稀物种具有重要作用。

五、生态空间植被养分固持

植被在生长过程中不断地从周围环境中吸收营养物质固定在植物体内，成为全球生物化学循环不可缺少的环节。地下动植物（包括菌根关系）促进了基本的生物地球化学过程，促进土壤、植物养分和肥力的更新（UK National Ecosystem Assessment，2011）。植被养分固持功能首先是维持自身生态系统的养分平衡，其次才是为人类提供生态系统服务功能。森林、湿地水生植物通过大气、土壤和降水吸收氮、磷、钾等营养物质并贮存在体内各器官，其养分固持功能对降低下游水源污染及水体富营养化具有重要作用。草本养分固持是从无机环境中获得必需的营养物质，维持自身的生长发育，主要是通过生态系统的营养物质循环，在生物库、凋落物库和土壤库之间进行，其中生物与土壤之间的养分交换过程是最主要的过程，同时也是植物进行初级生产的基础，对维持生态系统的功能和过程十分重要。

呼伦贝尔市生态空间植被养分固持总价值量为335.75亿元/年，各旗市生态空间植被养分固持价值排序如图3-13所示。植被养分固持功能价值量较高的旗市主要分布在东部地区，一方面是因为该区域降水充足，热量充沛，有较大的森林面积；另一方面东北部地区是大兴安岭核心区域，人为干扰较小，植被生长条件好，故而其生产力较高，而林木养分固持功能与植被的生产力密切相关，所以该区域植被固持氮、磷、钾量较高。

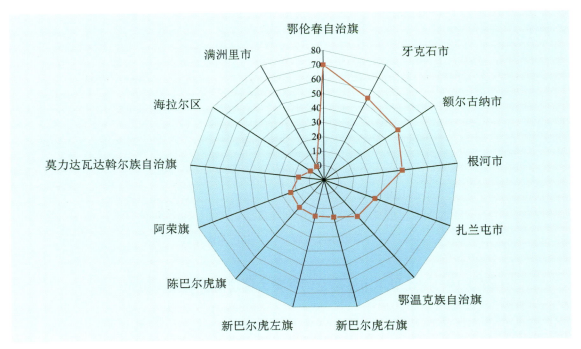

图3-13 呼伦贝尔市生态空间植被养分固持功能价值量（亿元/年）

六、生态空间保育土壤

土壤资源是环境中的一个基本组成部分，它们提供支持生物资源生产和循环所需的物质基础，是农业和森林系统的营养元素和水的来源，为多种多样的生物提供生境，在碳固存方面发挥着至关重要的作用，对环境变化起到复杂的缓冲作用（SEEA，2012）。森林凭借庞大的树冠、深厚的枯枝落叶层、以及网络状的根系截留大气降水，减少雨滴对土层的直接冲击，有效地固持土壤，减少土壤流失量；湿地生态系统具有降低河流流速，减少水库泥沙淤积，减少氮、磷、钾和有机质等营养物质流失的功能，从而发挥着显著的保育土壤功能；草地具有改良土壤、固土、防治沙漠化、防止水蚀和风蚀等方面的作用，草地地下发达且成网络的根系和地上植被，可以稳定土壤，不但截留天然降水，还可以大大地减少降雨势能对土壤的直接冲击，从而起到有效的固土保肥作用。

呼伦贝尔市生态空间保育土壤总价值量为1582.39亿元/年，各旗市生态空间保育土壤功能价值量排序如图3-14。对于呼伦贝尔市各个旗市而言，植被不仅在调控土壤侵蚀方面发挥着不可替代的作用，使水土流失从总体上得到控制，而且有利于森林、湿地、草地生态系统的维持和土壤肥力的改善，对提高植被生产力具有重要的作用，进而确保社会、经济、生态的协调持续发展。

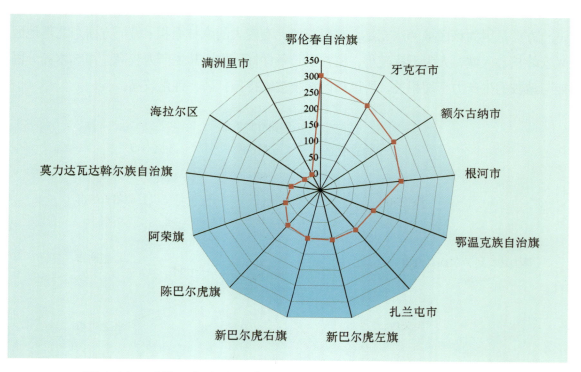

图3-14 呼伦贝尔市生态空间保育土壤功能价值量（亿元/年）

七、生态空间生态康养

呼伦贝尔市生态空间生态康养功能总价值量为645.13亿元/年，其中森林生态康养价值量为234.07亿元/年，草地生态康养价值量为322.20亿元/年，湿地生态康养价值量为88.87亿元/年。各旗市生态空间生态康养功能价值量分级排序如图3-15。

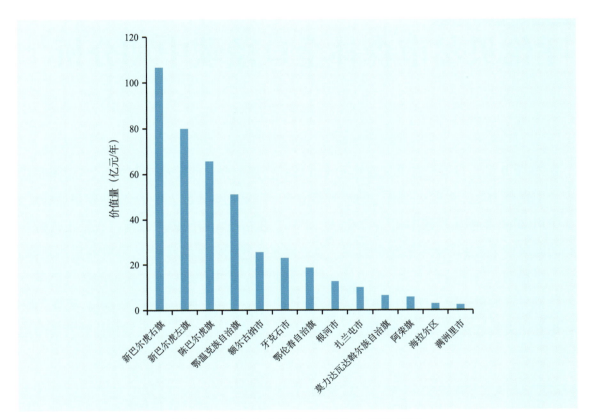

图3-15 生态空间生态康养功能价值量

第四章
呼伦贝尔市森林全口径碳中和分析

2020年9月，习近平总书记在第七十五届联合国大会一般性辩论上宣布，"中国将提高国家自主贡献力度，采取更加有力的政策和措施，二氧化碳排放力争于2030年前达到峰值，努力争取2060年前实现碳中和"。2021年11月，在格拉斯哥气候大会前，我国正式将其纳入新的国家自主贡献方案并提交联合国。碳达峰是指我国碳排放量将于2030年前达到峰值，并进入平稳期，其间虽有波动，但总体保持下降趋势；碳中和是指通过采取除碳等措施，使碳清除量与排放量达到平衡，即中和状态；碳达峰与碳中和一起，简称"双碳"。实现"双碳"目标是党中央经过深思熟虑作出的重大战略决策，事关中华民族永续发展和构建人类命运共同体。

> 碳达峰（peak carbon dioxide emissions）：广义来说，碳达峰是指某一个时点，二氧化碳的排放不再增长达到峰值，之后逐步回落。根据世界资源研究所的介绍，碳达峰是一个过程，即碳排放首先进入平台期并可以在一定范围内波动，之后进入平稳下降阶段。

> 碳中和（carbon neutrality）：是指企业、团体或个人测算在一定时间内直接或间接产生的温室气体排放总量，然后通过植树造林、节能减排等形式，抵消自身产生的二氧化碳排放量实现二氧化碳"零排放"。

目前，实现"双碳"目标已纳入《中共中央关于制定国民经济和社会发展第十四个五年规划和二〇三五年远景目标的建议》。实现"碳中和"的两个决定因素是碳减排和碳增汇，虽然CCUS（carbon capture utility and storage）也有所贡献，但目前而言，其实现大规模的实际应用存在很大困难，短期内不会成为碳固存的主要方式。

> CCUS（carbon capture utility and storage）：指通过物理、化学和生物学的方法进行二氧化碳的捕集、封存与利用。

森林生态系统作为陆地生态系统最大的碳储库，在全球碳循环过程中起着非常重要的作用，"双碳"背景下林业的地位和作用更加凸显。2021年，国家林业和草原局新闻发布会介绍，我国森林资源中幼龄林面积占森林面积的60.94%。中幼龄林处于高生长阶段，伴随森林质量不断提升，其具有较高的固碳速率和较大的碳汇增长潜力，这对我国碳达峰、碳中和具有重要作用。

本章针对呼伦贝尔市森林资源的特点，基于森林资源清查数据、国土"三调"数据和中国森林生态系统定位观测研究网络（CFERN）的长期观测数据，应用森林全口径碳中和研究方法，对呼伦贝尔市森林植被全口径碳中和进行精准分析，并讨论各组分碳中和能力的分布特征。

第一节　森林全口径碳中和研究意义

一、森林全口径碳中和的提出

随着人类社会的发展，温室气体的大量排放引起了严重的全球气候变化问题，2020年9月22日，在第七十五届联合国大会一般性辩论上，中国向全世界宣布将提高国家自主贡献力度，采取更加有力的政策和措施，CO_2排放力争于2030年前达到峰值，努力争取2060年前实现碳中和。随之而来的便是碳中和成为网络高频热词，百度搜索结果约1亿个！与其密切相关的森林碳汇也成为热词，搜索结果超过1200万个。森林作为陆地生态系统的重要组成部分，包含了陆地生物圈45%以上的碳，在全球碳平衡中扮演了重要角色。IPCC报告指出，1995—2005年全球森林吸收了60亿～87亿吨碳，相当于同时期化石燃料燃烧排放二氧化碳的12%～15%（IPCC，2007）。精准评价森林生态系统的碳汇能力，对于实现"3060"目标尤为重要。

森林的不断扩张（即在森林达到稳定状态之前）已被确定为是增加碳储量和减缓气候变化的手段；生长速度快的物种与土地质量更好的区域不仅固碳速度快，还可以迅速生产出可利用的木材（UK National Ecosystem Assessment，2011）。2020年，国际知名学术期刊《自然》发表的多国科学家最新研究成果显示，2010—2016年我国陆地生态系统年均吸收约11.1亿吨碳，吸收了同时期人为碳排放量的45%。该数据表明，此前中国陆地生态系统碳汇能力被严重低估。

在了解陆地生态系统特别是森林对实现碳中和的作用之前，需要明确两个概念，即森林碳汇与林业碳汇。我国森林生态系统碳汇能力之所以被低估，主要原因是碳汇方法学存在缺陷，即推算森林碳汇量采用的材积源生物量法是通过森林蓄积量增量进行计算的，而一些森林碳汇资源并未被统计其中（王兵，2021）。主要体现在以下三方面：

> 森林碳汇（forest carbonsink）：是指森林植被通过光合作用固定二氧化碳，将大气中的二氧化碳捕获、封存、固定在木质生物量中，从而减少空气中二氧化碳浓度。
>
> 林业碳汇：是指通过造林、再造林或者提升森林经营技术增加的森林碳汇，可以进行交易。目前，推算森林碳汇量采用的材积源生物量法存在明显的缺陷，导致我国森林碳汇能力被低估。

（一）特灌林和竹林的碳中和

森林蓄积量没有统计特灌林和竹林，只体现了乔木林的蓄积量，而仅通过乔木林的蓄积量增量来推算森林碳汇量，忽略了特灌林和竹林的碳汇功能。历次全国森林资源清查期间我国有林地及其分量（乔木林、经济林和竹林）面积的统计数据见表4-1。我国有林地面积近40年增长了10292.31万公顷，增长幅度为89.28%。有林地面积的增长主要来源于造林。历次全国森林资源清查期间的全国造林面积，造林面积均保持在2000万公顷/5年之上。Chen等（2019）的研究也证明，造林是我国增绿量居于世界前列的最主要原因。近40年来，我国竹林面积处于持续的增长趋势，增长量为309.81万公顷，增长幅度为93.49%；灌木林地（特灌林+非特灌林）面积亦处于不断增长的过程中，近40年其面积增长了5倍。竹林是森林资源中固碳能力最强的植物，在固碳机制上，属于碳四（C_4）植物，而乔木林属于碳三（C_3）植物。虽然没有灌木林蓄积量的统计数据，但我国特灌林面积广袤，也具有显著的碳中和能力。

表 4-1　历次全国森林资源清查期间全国有林地面积

万公顷

清查期	年份	有林地			
		合计	乔木林	经济林	竹林
第二次	1977—1981年	11527.74	10068.35	1128.04	331.35
第三次	1984—1988年	12465.28	10724.88	1374.38	366.02
第四次	1989—1993年	13370.35	11370	1609.88	390.47
第五次	1994—1998年	15894.09	13435.57	2022.21	436.31
第六次	1999—2003年	16901.93	14278.67	2139	484.26
第七次	2004—2008年	18138.09	15558.99	2041	538.1
第八次	2009—2013年	19117.5	16460.35	2056.52	600.63
第九次	2014—2018年	21820.05	17988.85	3190.04	641.16

第九次全国森林资源清查结果显示,我国竹林面积641.16万公顷、特灌林面积3192.04万公顷。竹林是世界公认的生长最快的植物之一,具有爆发式可再生长特性,蕴含着巨大的碳汇潜力,是林业应对气候变化不可或缺的重要战略资源(张红燕等,2020)。研究表明,毛竹年固碳量为5.09吨/公顷,是杉木林的1.46倍,是热带雨林的1.33倍,同时每年还有大量的竹林碳转移到竹材产品碳库中长期保存(武金翠等,2020)。灌木是森林和灌丛生态系统的重要组成部分,地上枝条再生能力强,地下根系庞大,具有耐寒、耐热、耐贫瘠、易繁殖、生长快的生物学特性(曹嘉瑜等,2020)。尤其是在干旱、半干旱地区,生长灌木林的区域是重要的生态系统碳库,对减少大气中二氧化碳含量具有重要作用。

(二)疏林地、未成林造林地、非特灌林灌木林、苗圃地、荒山灌丛、城区和乡村绿化散生林木碳中和

疏林地、未成林造林地、非特灌林灌木林、苗圃地、荒山灌丛、城区和乡村绿化散生林木也没在森林蓄积量的统计范围之内,它们的碳汇能力也被忽略了。我国近40年来疏林地、未成林造林地和苗圃地面积的变化趋势如图4-1。

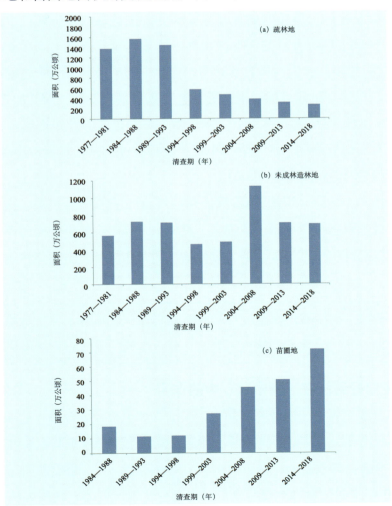

图4-1 近40年我国疏林地、未成林造林地、苗圃地面积变化

第九次全国森林资源清查结果显示，我国疏林地面积为342.18万公顷、未成林造林地面积为699.14万公顷、非特灌林灌木林面积为1869.66万公顷、苗圃地面积为71.98万公顷、城区和乡村绿化散生林木株数为109.19亿株（因散生林木具有较高的固碳速率，可以相当于2000万公顷森林资源的碳中和能力）。疏林地是指附着有乔木树种，郁闭度在0.1～0.19的林地，可以有效增加森林资源、扩大森林面积、改善生态环境。其郁闭度过低的特点，恰恰说明其活立木种间和种内竞争比较微弱，而其生长速度较快的事实，又体现了其较强的碳汇能力。未成林造林地是指人工造林后，苗木分布均匀，尚未郁闭但有成林希望或补植后有成林希望的林地，是提升森林覆盖率的重要潜力资源之一，其处于造林的初始阶段，也是林木生长的高峰期，碳汇能力较强。苗圃地是繁殖和培育苗木的基地，由于其种植密度较大，碳密度必然较高。有研究表明，苗圃地碳密度明显高于未成林造林地和四旁树，其固碳能力不容忽视。城区和乡村绿化散生林木几乎不存在生长限制因子，生长速度更接近于生产力的极限，也意味着其固碳能力十分强大。

（三）森林土壤碳中和

森林土壤碳库是全球土壤碳库的重要组成部分，也是森林生态系统中最大的碳库。森林土壤碳含量占全球土壤碳含量的73%，森林土壤碳含量是森林生物量的2～3倍（周国模等，2006），它们的碳汇能力同样被忽略了。土壤中的碳最初来源于植物通过光合作用固定的二氧化碳，在形成有机质后通过根系分泌物、死根系或者枯枝落叶的形式进入土壤层，并在土壤中动物、微生物和酶的作用下，转变为土壤有机质存储在土壤中，形成土壤碳汇（王谢，2015）。且有研究表明，成熟森林土壤可发挥持续的碳汇功能，土壤表层20厘米有机碳浓度呈上升趋势（Zhou et al.，2006）。

基于以上分析和中国森林资源核算项目一期、二期、三期研究成果，王兵等（2021）提出了森林碳汇资源和森林全口径碳汇新理念。森林全口径碳汇能更全面地评估我国的森林碳汇资源，避免我国森林生态系统碳汇能力被低估，同时还能彰显出我国林业在实现碳中和碳达峰的重要地位。

> **森林碳汇资源**：指能够提供碳汇功能的森林资源，包括乔木林、竹林、特灌林、疏林、未成林造林、非特灌林灌木林、苗圃地、荒山灌丛、城区和乡村绿化散生林木等。

二、森林全口径碳汇在"碳中和"中的作用

在中国森林资源核算第三期研究结果中，中国森林全口径碳汇每年达4.34亿吨碳当量，即乔木林植被层碳汇2.81亿吨/年+森林土壤碳汇0.51亿吨/年+其他森林植被（非乔木林）1.02亿吨/年=中国森林植被全口径碳汇4.34亿吨碳当量/年。根据我国历次森林资源清查数据，核算近40年来我国森林全口径碳汇能力的变化情况表明，我国森林碳汇已经从第二次森林资源清查期间的1.75亿吨/年提升到第九次森林资源清查期间的4.34亿吨/年，森林

碳汇增长了 2.59 亿吨 / 年，增长幅度为 148.00%。

在 2021 年 1 月 9 日召开的中国森林资源核算研究项目专家咨询论证会上，中国科学院院士蒋有绪、中国工程院院士尹伟伦肯定了森林全口径碳中和这一理念，对森林生态服务价值核算的理论方法和技术体系给予高度评价。尹伟伦表示，生态价值评估方法和理论，推动了生态文明时代森林资源管理多功能利用的基础理论工作和评价指标体系的发展。蒋有绪表示，固碳功能的评估很好地证明了中国森林生态系统在碳减排方面的重要作用，希望中国森林生态系统在碳中和任务中担当重要角色。

2020 年 3 月 15 日，习近平总书记在中央财经委员会第九次会议上强调，实现碳达峰碳中和是一场广泛而深刻的经济社会系统性变革，要把碳达峰碳中和纳入生态文明建设整体布局，拿出抓铁有痕的劲头，如期实现 2030 年前碳达峰，2060 年前碳中和的目标。如果按照全国森林全口径碳汇 4.34 亿吨碳当量折合 15.91 亿吨二氧化碳量计算，森林可以起到显著的固碳作用，对于生态文明建设整体布局具有重大的推进作用。

目前，我国人工林面积达 7954.29 万公顷，为世界上人工林面积最大的国家，其约占天然林面积的 57.36%，但单位面积蓄积生长量为天然林的 1.52 倍，这说明我国人工林在森林碳汇方面起到了非常重要的作用。另外，我国森林资源中幼龄林面积占森林面积的 60.94%，中幼龄林处于高生长阶段，具有较高的固碳速率和较大的碳汇增长潜力。由此可见，森林全口径碳汇将对我国碳达峰、碳中和起到重要作用。因此，在实现碳达峰目标与碳中和愿景的过程中，除了大力推动经济结构、能源结构、产业结构转型升级，还应进一步加强以完善陆地生态系统结构与功能为主线的生态系统修复和保护措施，加强森林碳汇资源的综合监测工作，掌握森林碳汇资源的分布、结构及其种类，提升森林碳汇资源的生态系统状况、功能效益及其演变规律长期监测工作，进而增强以森林生态系统为主体的森林全口径碳汇功能，提升林业在碳达峰目标与碳中和过程中的参与度，打造具有中国特色的碳中和之路。

第二节 森林全口径碳汇评估方法

目前，森林生态系统碳汇的测算研究主要有生物量换算、森林生态系统碳通量测算和遥感测算三种主要途径。其中，基于生物量换算途径的森林碳储量测算方法主要有样地实测法（Brown and Lugo，1982；王兵等，2010）、材积源生物量法（Fang et al.，1998；Segura and Kanninen，2005；林卓，2016）；基于森林生态系统碳通量途径的测算方法是净生态系统碳交换法（王兴昌等，2008；姚玉刚等，2011；陈文婧等，2013）；基于遥感测算途径的测算方法是遥感判读法（田晓敏等，2021）。其中，样地实测法由于直接、明确、技术简单，省去了不必要的系统误差和人为误差，可以实现森林碳汇的精确测算

(Whittaker et al., 1975)。

> 样地实测法（measurement of sample plot）：是在固定样地上用收获法连续调查森林的碳储量，通过不同时间间隔的碳储量的变化，测算森林生态系统的碳汇功能的一种碳汇测算方法。

一、理论基础

森林生态系统碳汇可通过生物量进行估算。由于植物通过光合作用可以吸收并贮存二氧化碳，植物每生产1克生物量（干物质）需吸收固定1.63克二氧化碳，可用生物量（干物质）重量来推算植物从大气中固定和贮存二氧化碳量（Hazarika et al., 2005；Zeng et al., 2008），即：

$$M_C = 1.63 \times 12/44 C_B \approx 0.445 C_B \tag{4-1}$$

式中：M_C——固碳量（吨碳/公顷）；

C_B——生物量（吨/公顷）。

森林生态系统碳库是由植被碳库和土壤碳库组成的。近年来，研究者对植被碳储量进行了大量研究（Fang et al., 2007），但土壤碳储量的研究相对薄弱。由于在树木生长过程中，树木通过光合作用吸收固定的绝大部分碳由根系和枯枝落叶转化成土壤有机质，蕴藏在土壤中。当林地的属性不发生变化时，林地土壤固碳能力通常不会发生较大的变动。因此，土壤是一个巨大的碳库，准确估算森林土壤碳汇作用变得尤为重要。土壤碳库的样地实测也是通过一段时间间隔内森林土壤碳储量的变化来测算森林生态系统的碳汇功能。

Kolari等（2004）通过样地实测法计算不同时期植被碳储量和土壤碳储量，获得整个森林生态系统的碳汇。2010年，"中国森林生态服务功能评估"项目组利用样地实测法，收集了大量长期野外观测数据，通过测算不同时期森林生态系统植被碳储量和土壤碳储量，基于分布式测算方法获得了全国森林生态系统的固碳量及其空间格局、动态变化情况（张永利等，2010；"中国森林生态服务功能评估"项目组，2010）。2013—2015年退耕还林生态效益监测国家报告基于森林生态连续清查体系，应用样地实测法对退耕还林重点省份、黄河和长江中下游区域以及风沙区森林生态系统固碳量及其空间格局、动态变化情况进行研究（国家林业局，2013，2014，2015）；"中国森林资源核算研究"项目组（2015）利用样地实测法，获得了第八次全国森林清查后全国森林生态系统的固碳量。

二、测算方法

为精确测量森林生态系统的碳汇功能，样地实测法需要将植被生物量、凋落物量和土壤碳储量变化量进行实测，累加后得到整个森林生态系统的固碳量。森林生态系统固碳量分为植被固碳和土壤固碳两部分。其中，植被固碳包括地上和地下生物量的变化量；土壤固碳包括凋落物量、根系等死有机物和土壤碳储量的变化量。

（一）植被层固碳量

采用收获法测定乔木层的树干、枝叶和根系生物量，以及灌木层、草本层和层间植物生物量，计算得森林植被层净初级生产力，具体方法参照国家标准《森林生态系统长期定位观测方法》（GB/T 33027—2016）。通过得到的评估林分植被年净初级生产力（NPP）获得评估林分植被层固碳量。

1. 植被层生物量

单位面积乔木层生物量的计算公式如下：

$$W = \frac{G}{\sum_{i=1}^{n} g_i} \sum_{i=1}^{n} W_i \tag{4-2}$$

式中：W——单位面积乔木生物量（千克）；

G——胸高断面积（平方米）；

g_i——标准木胸高断面积（平方米）；

W_i——标准木生物量（千克）。

标准木生物量计算公式如下：

$$W_i = W_R + W_S + W_B + W_L \tag{4-3}$$

式中：W_i——标准木生物量（千克）；

W_R——根系生物量（千克）；

W_S——树干生物量（千克）；

W_B——树枝生物量（千克）；

W_L——树叶和花、果的生物量（千克）。

2. 植被层年净初级生产力

根据植被生物量的动态数据，可用增重积累法对植被年净初级生产力（NPP）进行测算，计算公式：

$$NPP = \frac{W_a - W_{a-n}}{n} \tag{4-4}$$

式中：NPP——植被年净初级生产力 [千克/（公顷·年）]；

W_a——第 a 年测定的单位面积生物量 [包括乔木层、灌木层、草本层、层间植物生物量和凋落物量，千克/（公顷·年）]；

W_{a-n}——第 $a-n$ 年测定的单位面积生物量 [包括乔木层、灌木层、草本层、层间植物生物量和凋落物量,千克/(公顷·年)]。

n——间隔年数。

3. 植被层固碳量

公式如下：

$$G_{植被固碳}=1.63R_{碳} \cdot A \cdot B_{年} \cdot F \tag{4-5}$$

式中：$G_{植被固碳}$——评估林分年固碳量（吨/年）；

　　　$B_{年}$——实测林分净生产力[吨/(公顷·年)]；

　　　$R_{碳}$——二氧化碳中碳的含量，为27.27%；

　　　A——林分面积（公顷）；

　　　F——森林生态系统服务修正系数。

（二）土壤层固碳量

森林生态系统土壤固碳量的计算采用两次评估期间土壤有机碳储量的差值计算得到。依据土壤类型和植被类型的空间分布设置土壤采样点并通过剖面法采集土壤样品，样品带回实验室后通过$FeSO_4$滴定的方法测定土壤中有机碳含量，具体采样方法和试验方法参照国家标准《森林生态系统长期定位观测方法》（GB/T 33027—2016）和《森林土壤分析方法》（LY/T 1210—1275）。公式如下：

1. 土壤有机碳含量

$$SOC=\frac{\frac{c \times 5}{V_0} \times (V_0-V) \times 10^{-3} \times 3.0 \times 1.1}{m \cdot k} \times 1000 \tag{4-6}$$

式中：SOC——土壤有机碳含量（克/千克）；

　　　c——0.8000摩尔/升（$1/6K_2Cr_2O_7$）标准溶液的浓度；

　　　5——重铬酸钾标准溶液加入的体积（毫升）；

　　　V_0——空白滴定消耗的硫酸亚铁体积（毫升）；

　　　V——样品滴定消耗的硫酸亚铁体积（毫升）；

　　　3.0——1/4碳原子的摩尔质量（克/摩尔）；

　　　10^{-3}——将毫升换算成升；

　　　1.1——氧化校正系数；

　　　m——风干土样质量（克）；

　　　k——烘干土换算系数。

2. 土壤有机碳密度

公式如下：

$$SOCD_k=C_k \cdot D_k \cdot E_k \cdot (1-G_k)/100 \tag{4-7}$$

式中：$SOCD_k$——第 k 层土壤有机碳密度（千克/平方米）；

　　　k——土壤层次；

　　　C_k——第 k 层土壤有机碳含量（克/千克）；

　　　D_k——第 k 层土壤密度（克/立方厘米）；

　　　E_k——第 k 层土层厚度（厘米）；

　　　G_k——第 k 层土层中直径大于 2 毫米石砾所占体积百分比（%）。

3. 土壤有机碳储量

公式如下：

$$TSOC=\sum_{i=1}^{k} SOCD_i \cdot S_i \tag{4-8}$$

式中：$TSOC$——土壤有机碳储量（千克）；

　　　$SOCD_i$——第 i 样方土壤有机碳密度（千克/平方米）；

　　　k——土壤层次；

　　　S_i——土壤碳储量计算样方面积。

4. 土壤层固碳量

公式如下：

$$G_{土壤固碳}=\frac{TSOC_a-TSOC_{a-n}}{n} \tag{4-9}$$

式中：$G_{土壤固碳}$——评估林分对应的土壤年固碳量（吨/年）；

　　　$TSOC_a$——第 a 年评估林分土壤有机碳储量（吨）；

　　　$TSOC_{a-n}$——第 $a-n$ 年评估林分土壤有机碳储量（吨）；

　　　n——间隔年数。

（三）森林全口径固碳量

分别计算森林资源碳汇（乔木林碳汇＋竹林碳汇＋特灌林碳汇）、疏林地碳汇、未成林造林地碳汇、非特灌林灌木林碳汇、苗圃地碳汇、荒山灌丛碳汇、城区和乡村绿化散生林木碳汇，最后汇总为森林植被全口径碳汇。年固碳量公式如下：

$$G_{碳}=G_{植被固碳}+G_{土壤固碳} \tag{4-10}$$

式中：$G_{碳}$——评估林分生态系统年固碳量（吨/年）；

　　　$G_{植被固碳}$——评估林分年固碳量（吨/年）；

　　　$G_{土壤固碳}$——评估林分对应的土壤年固碳量（吨/年）。

公式计算得出森林的潜在年固碳量，再从其中减去由于森林年采伐造成的生物量移出从而损失的碳量，即为森林的实际年固碳量。

第三节　森林全口径碳中和评估结果

一、森林全口径碳中和评估总结果

森林固碳机制是通过自身的光合作用过程吸收二氧化碳，制造有机物，积累在树干、根部和枝叶等部位，并释放出氧气，从而抑制大气中二氧化碳浓度的上升，发挥绿色碳中和作用（Liu et al., 2012）。基于"森林全口径碳汇"评估方法，对呼伦贝尔市2020年森林生态系统碳汇功能进行了评估，结果显示森林全口径碳汇量为1203.65万吨/年，相当于中和了内蒙古自治区碳排放量的6.40%（内蒙古统计年鉴，2020），显著发挥了森林碳中和作用。森林全口径碳汇主要包括三部分，即乔木林植被层、森林资源土壤层（乔木林和特灌林）和其他森林植被层（其他灌木林、疏林地、未成林造林地、苗圃地、散生木、四旁树等），其中乔木林植被层固碳量最多，占比为79.54%，森林土壤层占比为18.34%，其他森林植被层占比为2.12%。呼伦贝尔市乔木林面积占林地总面积的97.34%。由此可见，乔木林是发挥碳中和功能的主体，其固碳能力强弱是影响呼伦贝尔市全口径森林碳中和能力的关键因素；其次为森林土壤层，森林土壤也是一个巨大的碳库，其固碳量的波动会对气候变化产生巨大影响。固定到土壤中的有机碳一部分会经过土壤微生物的分解转化，最终以二氧化碳的形式重新返回到大气；剩余的有机质则经过多年累积转化成稳定的有机碳储存到土壤中。此外，其他森林植被层，即灌木林、四旁树等，植物在生长过程中通过光合作用吸收二氧化碳并将其作为生物量固定在植物体中，从而降低大气中温室气体浓度，减缓气候变化。因此，呼伦贝尔市要增强以森林生态系统为主体的森林全口径碳汇功能，加强绿色减排能力，提升林业在碳达峰与碳中和过程中的贡献，探索具有区域特色的碳中和之路。

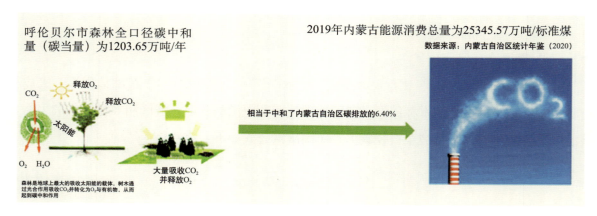

图4-2　呼伦贝尔市森林全口径碳中和作用

二、森林全口径碳中和空间分布

由于呼伦贝尔市森林资源分布状况不同，森林的碳中和能力也存在较大空间异质性。各旗市森林碳中和能力（吸收二氧化碳量）如图4-3所示，最高的为鄂伦春自治旗，在1000

万吨/年以上，其次为额尔古纳市、牙克石市和根河市，碳中和量均在500万～1000万吨/年之间，以上4个旗市碳中和量占全市碳中和总量的75.66%；扎兰屯市、鄂温克族自治区、阿荣旗碳中和量均在200万～500万吨/年之间；其余旗市碳中和量均在100.00万吨/年以下（图4-3）。森林由于其强大的碳汇能力，在地区节能减排、营造美丽生活中发挥着重要作用。各旗市的森林碳中和能力大小与森林资源面积紧密相关，各旗市应结合的区域生产状况，适当调整能源结构，对森林进行合理经营，从而有效地发挥森林固碳功能，促进区域实现碳达峰、碳中和目标。

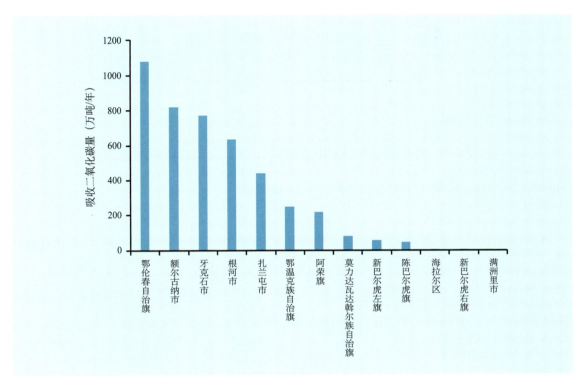

图4-3　呼伦贝尔市各旗市碳中和能力排序

三、优势树种（组）森林全口径碳中和

依据"森林全口径碳汇"评估方法，对呼伦贝尔市优势树种（组）全口径碳中和能力（吸收二氧化碳量）进行了评估（图4-4）。从优势树种（组）看，落叶松（组）碳中和量最大，为2827.85万吨/年，占呼伦贝尔市森林全口径碳中和的64.07%；其次为桦类（组），碳中和量为1153.84万吨/年，占呼伦贝尔市森林全口径碳中和的26.14%；其他优势树种（组）碳中和量低于200.00万吨/年。研究结果进一步凸显了落叶松和桦类在呼伦贝尔市森林碳中和中发挥的作用，出现该种情况的原因除了面积之外，还主要与树种本身的固碳能力相关。

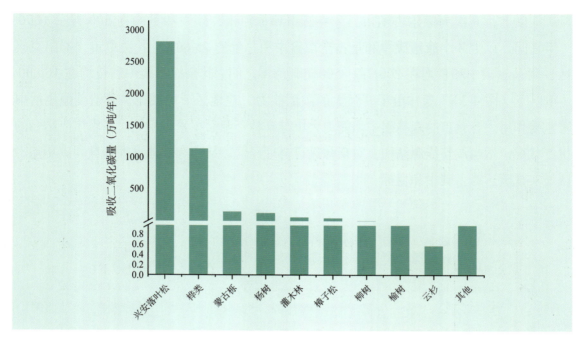

图 4-4 呼伦贝尔市不同优势树种（组）全口径碳中和能力

第四节 碳中和价值实现路径典型案例

林业碳汇交易是碳排放权交易中一种重要补充机制，是开展生态补偿的市场化渠道，是推进"绿水青山"转化为"金山银山"生态价值实现的重要途径。国家发展改革委气候司发布的《温室气体自愿减排交易管理暂行办法》，建立了国家温室气体自愿减排交易机制。该机制支持将我国境内的可再生资源、林业碳汇等温室气体减排效果明显、生态效益突出的项目开发为温室气体减排项目，并获得一定的资金收益。截至 2021 年 4 月，温室气体自愿减排交易项目累计成交量约 2.91 亿吨二氧化碳当量，成交额约 24.35 亿元。2020 年 12 月，生态环境部发布了《碳排放权交易管理办法（试行）》，规定"重点排放单位每年可以使用国家核证自愿减排量抵销碳排放配额的清缴，抵销比例不得超过应清缴碳排放配额的 5%"。新政策明确规定了国家核证自愿碳减排量（CCER）可以抵消 5% 的指标配额，为林业碳汇进入碳市场提供了重要支撑。目前，我国林业碳汇项目可参与国际性（CDM）、独立性（VCS、GS）、区域性（CCER、CGCF、FFCER、PHCER、BCER）等林业碳汇抵消机制碳交易，不同的抵消机制对于碳汇项目类别、土地合格性要求、可交易范围都有所不同。

> 碳交易 (carbon trading)：《京都议定书》为促进全球减少温室气体排放，以国际公法作为依据的温室气体减排量交易，即是温室气体二氧化碳排放权交易。在 6 种被要求减排的温室气体中，二氧化碳（CO_2）为最大宗，所以这种交易以每吨二氧化碳当量（吨 CO_2e）为计算单位，通称为"碳交易"，其交易市场称为碳市（carbon market）。

> 碳交易机制（carbon trading mechanism）：是规范国际碳交易市场的一种制度。碳资产原本并非商品，也没有显著开发价值。1997年《京都议定书》的签订改变了这一切。按照《京都议定书》规定，到2010年所有发达国家排放的二氧化碳、甲烷等在内的6种温室气体数量要比1990年减少5.2%。但由于发达国家能源利用效率高，能源结构优化，新能源技术被大量采用，因此本国进一步减排的成本高，难度较大。而发展中国家能源利用效率低，减排空间大，成本也低。这导致同一减排量在不同国家之间存在不同成本，形成价格差。发达国家有需求，发展中国家有供应能力，碳交易市场便由此产生。为达到《联合国气候变化框架公约》全球温室气体减量的最终目的，依据公约的法律架构，《京都议定书》中规定了三种排减机制：清洁发展机制（clean development mechanism，CDM）、联合履约（joint implementation，JI）和排放贸易（emissions trade，ET）。

一、CCER 和 VCS 碳减排

（一）国家核证自愿碳减排（CCER）

2021年生态环境部新发布的《碳排放权交易管理办法》要求，企业在量化其碳足迹、实施了减排行为之后，还应通过抵消剩余温室气体排放来达到碳中和。2021年纳入全国碳市场的覆盖排放量约为40亿吨，按照CCER可抵消配额比例5%测算，CCER的年需求约为2亿吨。内蒙古森工集团国家核证自愿碳减排量（CCER）起步较早。2016年内蒙古森工集团所属根河林业局18万亩200多万吨国家核证自愿碳减排量（CCER）碳汇造林项目获得国家发展和改革委员会立项。

> 国家核证自愿减排量（Chinese certified emission reduction，CCER）：是指对我国境内可再生能源、林业碳汇、甲烷利用等项目的温室气体减排效果进行量化核证，并在国家温室气体自愿减排交易注册登记系统中登记的温室气体减排量。

（二）国际核证碳减排标准（VCS）

国际核证碳减排标准（verified carbon standard，VCS）是2005年由气候组织、国际排放贸易协会、世界经济论坛和世界可持续发展工商理事会联合发起设立的一个全球性自愿减排项目标准，目的是为自愿碳减排交易项目提供一个全球性的质量保证标准。经过十几年的发展，VCS项目已经发展成为世界上使用最广泛的碳减排项目之一。

2021年，内蒙古森工集团26万吨碳汇（VCS）减排量在内蒙古自治区产权交易中心挂牌竞价，并以总价299万元成交，该项目是根据国际核证碳减排标准开发的一个国际林业碳汇项目，是中国最大国有重点林区第一个成功注册的林业碳汇项目，为广大林区开展碳汇交易提供了"中国经验"。截至 2021 年 12 月，内蒙古森工集团累计实现碳汇交易总额 2110 万元。

二、降碳产品

2021 年 9 月，河北省为加快建立健全河北省生态产品价值实现机制，实现降碳产品价值有效转化，遏制高耗能、高排放行业盲目发展，助力经济社会发展全面绿色转型，印发了《关于建立降碳产品价值实现机制的实施方案（试行）》（简称《方案》）。该《方案》要求建立以政府主导、市场运作的"谁开发谁受益、谁超排谁付费"的降碳产品价值实现政策体系，调动全社会开发降碳项目积极性，激发"两高"企业节能减污降碳内生动力，充分发挥市场在资源配置中的决定性作用，推动降碳产品生态价值有效转化。

《方案》紧紧围绕增强造林固碳能力和营林固碳能力，持续开展大规模国土绿化行动。大力推进塞罕坝机械林场及周边区域林业质量提升工程，深入实施太行山燕山绿化、白洋淀上游规模化林场、雄安新区"千年秀林"等国家和省林业重点工程；科学选择造林树种，抓好中幼龄林抚育、退化林修复、疏林封育及补植补造、灌木林经营提升等工作；以降碳产品方法学为指导，加快全省降碳产品开发、申报、登记等工作，鼓励支持社会各界开发降碳产品，加强降碳项目储备。在钢铁行业开展建设项目碳排放环境影响评价试点，科学确定新改扩建项目碳排放量，核定现有钢铁企业年度碳排放总量，引导钢铁、焦化项目和超出核定总量的钢铁企业购买降碳产品，原则上新改扩建项目按照年核发排放量的 1% 一次性购买碳中和量，现有钢铁企业按照超出核定总量部分的 10% 购买碳中和量；依托河北省污染物排放权交易服务中心，建立全省降碳产品价值实现管理平台，组织实施降碳产品项目审核、备案；依托河北环境能源交易所建立全省统一的降碳产品价值实现服务平台，保障价值实现机制持续健康运行。

2021 年 9 月，河北省生态环境厅在雄安新区启动首批降碳产品生态价值实现仪式，河北省御道口林场、承德市滦平国有林场总场于营子林场、承德市狮子沟国有林场分别与唐山港陆钢铁有限公司、河北荣信钢铁有限公司、唐山市丰南区经安钢铁有限公司签订降碳产品生态价值实现协议进行交易；2021 年 12 月，河北省启动第二批降碳产品价值实现，完成降碳产品价值实现 24.8483 万吨二氧化碳当量，交易金额 1102.27 万元。截至 2021 年，河北省累计完成降碳产品价值实现 52.1889 万吨二氧化碳当量，交易金额 2315.1 万元。

呼伦贝尔市降碳产品资源丰富，积极开发降碳产品，实现降碳产品价值有效转化，不仅可以将生态优势转化为经济优势，助力实现呼伦贝尔市二次创业，也必将有力推动全自治区产业结构绿色低碳转型，实现经济社会高质量发展。降碳产品生态价值实现服务平台启动运行，可以更好服务降碳产品生态价值实现，为保障价值实现机制持续健康运行，做大做优做强内蒙古自治区绿色低碳产业，注入绿色创新活力。

三、林业碳票

福建三明市有森林面积 2712 万亩、森林覆盖率 78.73%、活立木蓄积量 1.82 亿立方米，据测算森林生态系统每年的服务功能价值 2642.30 亿元，但每年仅获得国家森林生态补偿费 2.71 亿元，与森林生态系统服务功能价值差距巨大。林业碳汇是目前社会认可的具有可量化技术标准和规范的交易体系，但由于林业碳汇交易制度设计复杂，存在技术门槛高、开发成本大、收益周期长等突出问题，现行林业碳汇价格不能弥补森林经营的实际投入，短期内难以为林业发展提供稳定的资金支持，同时现行的碳汇项目方法学不能真实反映森林固碳释氧的巨大功能。因此，三明市在 2021 年中共中央办公厅、国务院办公厅印发《关于建立健全生态产品价值实现机制的意见》后，创新推出"林业碳票"。

> 林业碳票：依据林业碳票管理办法，经第三方机构监测核算、有关部门审定备案并签发的碳减排量而制发的具有收益权的凭证，赋予交易、质押、兑现、抵消等权能的实物载体。

林业碳票制度有以下两方面的创新：一是，扩宽了碳汇项目的交易主体。出台《三明市林业碳票管理办法（试行）》，只要是权属清晰的林地、林木都可以申请"碳票"，将生态公益林、天然林、重点区位商品林等不能开发的林业碳汇项目全部纳入林业碳汇交易；二是，明确将森林固碳增量作为碳中和目标下衡量森林碳汇能力。制定了《三明林业碳票（SMCER）碳减排量计量方法》，采用森林年净固碳量作为碳中和目标来衡量森林碳汇能力，允许增量碳汇进行交易，拓展了生态产品的价值实现渠道。截至 2021 年 8 月，福建三明市已实施林业碳汇项目 12 个，面积 118 万亩，其中成功交易 4 个项目，交易金额 1912 万元。

三明市"林业碳票"制度的建立，从制度层面保障了碳减排量项目的开发和交易，从方法学层面扩展了林业碳汇生态产品的价值实现渠道，通过允许和鼓励林权、林木权属清晰的各类型的主体参与碳汇项目开发，引导机关、企事业单位、社会团体、公民等相关主体通过购买林业碳票或营造碳汇林，抵消碳排放量，推动"碳中和"行动。"林业碳票"更加准确地反映林业在实现碳中和愿景中的重要作用，更好地构建森林生态产品价值补偿机制，调动林业经营主体造林育林的积极性，对于增加森林面积、提升森林质量、促进森林健康、增强森林生态系统碳汇增量，实现碳中和意义重大。

四、单株碳汇精准扶贫模式

森林碳汇项目兼具应对气候变化和扶贫双重功能，森林碳汇扶贫是以欠发达地区的宜林地等资源开发为基础，以市场机制为主导，以贫困人口受益和发展机会创造为宗旨，以森林碳汇项目开发为载体，以贫困人口参与为主要特征，以机制构建为核心，在促进森林碳汇产业发展的过程中实现减贫脱贫的一种新兴扶贫模式（曾维忠，2016）。

贵州省林业资源丰富，全省森林面积1083.62万公顷，森林覆盖率达到61.5%。同时，贵州也是我国区域经济最不发达的区域，曾经是全国贫困人口最多的省份。在我国实施生态文明建设和精准扶贫两大战略的背景下，贵州省充分利用地区丰富的林业碳汇资源优势，开展碳汇精准扶贫试点工作。项目在借鉴国内外林业碳汇开展方法学的基础上，结合贵州退耕还林、封山育林、脱贫攻坚实际，以"株"为单位进行开发。

> "单株碳汇"精准扶贫：是按照严格的科学计算方法，把群众拥有的符合条件的林地资源，以每一棵树吸收的二氧化碳作为产品，通过单株碳汇精准扶贫平台，面向全社会销售。

单株碳汇精准扶贫（图4-5）就是把每一户建档立卡的贫困户种植的每一棵树，编上身份证号，按照科学的方法测算出碳汇量，拍好照片，上传到贵州省单株碳汇精准扶贫平台，然后面向整个社会、整个世界致力于低碳发展的个人、企事业单位和社会团体进行销售；社会各界对贫困户碳汇的购买资金，将全额进入贫困农民的个人账户，碳汇购买者在实现社会责任的同时，也可起到精准帮助贫困户脱贫的作用。"单株碳汇"精准扶贫是践行"绿水青山就是金山银山"理念的实现途径之一，呼伦贝尔市可以利用自身的资源优势，将森林碳汇按照"单株碳汇"的模式进行计量发售，为呼伦贝尔市精准扶贫和森林资源的保护提供资金支持。

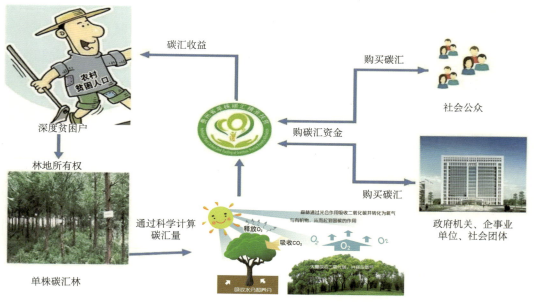

图 4-5　单株碳汇精准扶贫案例示意

第五章

呼伦贝尔市典型生态产品禀赋分析与价值化实现路径设计

禀赋是人天生所具备的素质或天赋，在运用到自然资源中时，表明自然资源先天生产的素质情况。自然资源禀赋源于漫长的历史过程，是一种客观存在，如今对自然资源禀赋的描述更多地取决于人类自身的认识和需求（郝娟娟，2017）。赫尔歇尔（1919）、俄林（1933）在研究经济发展中提出的资源禀赋理论又被称为赫尔歇尔—俄林学说，根据全球分工以及贸易活动的发展，二者意识到存在于不同国家之间的在自然禀赋、生产要素（劳动力、资本）等方面存在的差异性，导致了不同国家在生产与分工方面的比较优势，由此如果能够出口优势产品必能改善彼此的福利。Bourdieu（1986）将资源禀赋定义为一组可供个体使用的资源和权力，国内学者通常将资源禀赋定义为一个地区所拥有的劳动力、资本、土地、技术、管理等各类生产要素的丰歉，而各类要素资源的配置结构又构成了当地资源禀赋的基础条件或禀赋优势（余瑶和李瑞强，2021）。因此，不同地区所拥有的禀赋条件存在明显的差异性，这就使得各地区在产业结构方面呈现出一定的地域特征，而产品差异的形成反馈到产品市场则表现为供给规模与结构的不同。

> **禀赋**：指人天生所具备的智力、体魄等素质或天赋。
> **资源禀赋**：一个地区所拥有的劳动力、资本、土地、技术、管理等各类生产要素的丰裕程度。
> **生态空间生态产品禀赋**：一个地区生态空间提供各类生态产品的丰裕程度。

通过运用资源禀赋理论，本研究提出"生态空间生态产品禀赋"的概念，来反映不同区域生态空间生态产品禀赋的丰裕程度，并进一步开展呼伦贝尔市生态空间典型生态产品禀赋分析，并结合生态产品禀赋比较优势状况进行其价值化实现路径设计，为优化生态资源配置，提高森林、湿地、草地生态系统生态产品供给能力，实现生态产品价值转化，促进区域生态经济环境协调发展及相关政策的制定提供科学依据。

第一节　典型生态产品禀赋研究方法

一、比较优势理论和产品空间理论

比较优势理论认为每个国家（地区）应按照自身比较优势进行生产和分工，实现要素结构的内生转换，从而促进一国家（地区）产业结构和产品结构的优化和升级。Sachs 和 Yang（2000）认为通过专业化生产和国际分工，能够促进国家（地区）比较优势的发挥，增强比较优势作用，并且通过"干中学"以及规模经济来推动比较优势的内生演变。虽然比较优势能否实现内生转换问题仍有争论，随着经济全球化和国际分工的细化，比较优势理论对于当前存在的一些经济现象却无法解释，但 Rodrik（2006）、伍业君和张其仔（2011）认为根据产品空间理论可以解释当前出现的一些现实问题，因为产品是所有要素的最终载体，产品本身包含了各种内在和外在因素的集合，所以从产品角度考察当今出现的经济和贸易问题值得借鉴。

Hausman 和 Klinger（2006）、Hidalgo 等（2007）提出产品空间理论（product space theory），认为产品是一国家（地区）知识和能力的载体，当生产能力和生产结构无法进行衡量时，可以考虑从产品角度出发，由于产品是各种生产要素组合的最终载体，本身包含了生产过程中所需要的各种资源技术水平和生产能力。一国家（地区）产品特征会影响其经济与贸易发展模式和路径，并且与比较优势的发挥关系密切。因此，从产品角度考虑一国家（地区）比较优势发挥和变化趋势，对经济增长及贸易发展模式有重要作用。

对于生态系统服务功能而言，生态产品是一国家（地区）生态空间生态系统提供生态服务功能的载体，因此利用比较优势理论和产品空间理论分析呼伦贝尔市生态空间生态功能禀赋对于掌握各区域生态产品禀赋优势以及生态产品价值实现路径或模式的制定具有重要意义。

二、资源禀赋分析法

资源禀赋分析法是根据 EF 值的大小分析区域比较优势的一种国际上通常采用的技术方法。它是用于反映一个国家或地区某种资源相对丰富程度的计量指标，具体指某一个国家或某一区域的资源 i 在世界或全国拥有该种资源 i 中所占的份额与该国家或该区域国民生产总值在世界或全国国民生产总值中的份额之比。其计算公式如下：

$$EF = (V_i/V_{ti}) / (Y/Y_t) \tag{5-1}$$

式中：V_i——某一国家或某一区域拥有的资源 i 的数量；

V_{ti}——世界或全国拥有的该种资源的数量；

Y——该国或该区国民生产总值；

Y_t——世界或全国国民生产总值。

如果 $EF>1$，则某一国家或某一地区域拥有的资源 i 在赫克歇尔—俄林模型（简称：赫—俄模型）意义上是丰富的，具有比较优势；如果 $EF<1$，则某一国家或某一地区拥有的资源 i 在赫—俄模型意义上是短缺的，不具有比较优势。

利用资源禀赋系数法对呼伦贝尔市生态空间生态产品的区域比较优势进行分析，需对前述公式中变量的含义做一些适当的调整。

即 $EF=(V_i/V_{ti})/(Y/Y_t)$ 中的变量具体定义：V_i 为呼伦贝尔市某一旗市（区）某一时期生态空间生态产品 i 的价值量；V_{ti} 为呼伦贝尔市同一时期生态空间生态产品 i 的总价值量；Y 为呼伦贝尔市某一旗市同一时期国民生产总值；Y_t 为全市同一时期国民生产总值。

根据前述定义，如果 $EF>2$，则某一旗市生态空间生态产品 i 在赫—俄模型的意义上是丰富的，具有强比较优势；如果 $1<EF<2$，则某一旗市生态空间生态产品 i 在赫—俄模型的意义上是丰富的，具有中等比较优势；如果 $EF<1$，则某一旗市生态空间生态产品 i 在赫—俄模型意义上是短缺的，不具有比较优势。

第二节　典型生态产品禀赋分析

基于资源禀赋系数测算结果的比较和分析，可以大体上找出各主要典型生态产品在资源禀赋层级上所对应的优势提供区，从而在全市范围内进行国土空间的合理优化。同时，通过不同旗市不同典型生态产品禀赋系数之间的比较，找出比较优势生态产品提供区，为呼伦贝尔市各旗市典型生态产品价值化的政策制定提供理论参考依据。

一、水源涵养功能禀赋分析

水源涵养功能是区域生态功能的重要组成部分，对改善水文状况、调节区域水分循环发挥着关键作用。研究区域生态空间水源涵养功能禀赋对于明析拦蓄降水、涵养土壤水分、补充地下水、调节河流流量、防治区域洪涝灾害和水土流失等自然灾害具有重要意义，同时对明确供需与实现正确用水、调水以及实现生态产品的价值化也具有重要的指导意义。呼伦贝尔市以大兴安岭为分水岭，形成额尔古纳河和嫩江两大水系，有3000多条河流、500多个湖泊，特别是中国第五大湖——呼伦湖组成的水域。根据《2020年内蒙古自治区水资源公报》，全市地表水资源量281.72亿立方米，占全自治区地表水资源量的79.54%。其中，境内额尔古纳河水系的河流有激流河、根河、海拉尔河、伊敏河、克鲁伦河、乌尔逊河以及哈拉哈河，包括额尔古纳河干流区间在内,水资源量达约 103.65 亿立方米;境内嫩江水系的河流有甘河、诺敏河、格尼河、阿伦河、音河、雅鲁河以及绰尔河,包括甘河口上游及嫩江干流区间,水资源量达约 248.26 亿立方米。据《呼伦贝尔年鉴 2021》显示,全市地下水与地表水资源总量 316.19 亿立方米,占内蒙古自治区的 62.74%;全市人均占有水资源量 14138.98 立方米,是全自治区(2091.7 立方米)的 6.76 倍,是全国(2239.8 立方米)的 6.31 倍,高于世界人均占有量。全市生态空间涵养水源量为 264.52 亿立方米,占全市水资源总量的 83.66%,占额尔古纳水系和嫩江水系水资源量总和的 75.17%,是 2020 年呼伦贝尔市总用水量(17.54 亿立方米)的 15.08 倍,其中森林、湿地、草地森林生态系统涵养水源量占比分别为 64.61%、11.40%、23.99%(图 5-1),表明森林、湿地、草地生态系统涵养水源功能对全市水资源总量的贡献突出,充分发挥了"绿色水库"维护水资源安全的功能,具有强水源涵养功能禀赋。

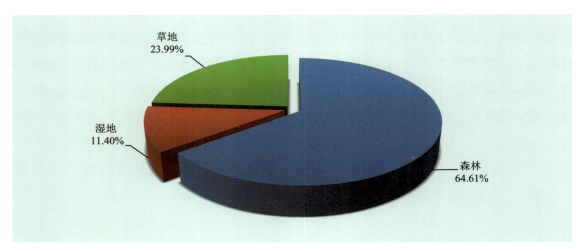

图 5-1　森林、湿地、草地生态系统涵养水源量占比

呼伦贝尔市各旗市水源涵养功能禀赋系数如表 5-1 所示,根河市、额尔古纳市、鄂伦春自治旗和新巴尔虎左旗的 $EF>2$,具有强水源涵养功能禀赋的比较优势;牙克石市、新巴尔虎右旗的 $1<EF<2$,具有中等水源涵养功能禀赋的比较优势;其余旗市 $EF<1$,说明这些旗市不具有水源涵养功能禀赋的比较优势。因此,呼伦贝尔市应充分发挥根河市、额尔古纳市、鄂伦春自治旗、新巴尔虎左旗、牙克石市和新巴尔虎右旗的水源涵养功能禀赋比较优势,在政策、科技、资金等方面给予大力倾斜和扶持,提升上述旗市生态系统质量和稳定性,促进生态系统良性循环,确保生态系统持续向好,推动"绿色水库"产品价值化实现,同时利用该禀赋比较优势带动社会经济的发展。

表 5-1　呼伦贝尔市水源涵养功能禀赋系数和比较优势

各旗市	EF 值	水源涵养功能禀赋比较优势
海拉尔区	0.02	无比较优势
阿荣旗	0.49	无比较优势

(续)

各旗市	EF值	水源涵养功能禀赋比较优势
莫力达瓦达斡尔族自治旗	0.30	无比较优势
鄂伦春自治旗	3.43	强比较优势
鄂温克族自治旗	0.76	无比较优势
陈巴尔虎旗	0.70	无比较优势
新巴尔虎右旗	1.06	中等比较优势
新巴尔虎左旗	2.69	强比较优势
满洲里市	0.01	无比较优势
牙克石市	1.81	中等比较优势
扎兰屯市	0.57	无比较优势
额尔古纳市	4.27	强比较优势
根河市	4.46	强比较优势

二、生物多样性保育功能禀赋分析

生物多样性是人类赖以生存的条件，是经济社会可持续发展的基础，是生态安全和粮食安全的保障。呼伦贝尔市独特的地理位置和地形地貌，造就了复杂多样的生态系统，主要包括森林、草原等地带性生态系统和湿地非地带性生态系统，是我国自然生态系统类型最完整的地区之一，保育着丰富的动植物资源。呼伦贝尔市生态空间保育野生植物1600多种，分属165科615属，其中高等植物1400余种，低等植物200余种。有经济价值的野生植物600种以上，其中药用植物540余种，野生果品20余种，油料植物20余种，纤维植物70余种，淀粉植物20余种，食用植物120余种。此外，有野生食药用菌类120余种，分属23科30属，其中珍稀食用菌40余种。另外，呼伦贝尔市共有重点保护野生植物30余种，被列入《国家重点保护野生植物名录（第一批）》的8种，保护等级均为二级；列入《国家珍贵树种名录》的有6种，保护等级均为二级；列入《内蒙古自治区珍稀濒危保护植物名录》的有32种，其中保护等级为二级的21种，三级的11种。列入《内蒙古自治区珍稀林木保护名录》（2010年公布）的有34种，其中5种为栽培种。

呼伦贝尔市生态空间保育的野生动物品种和数量繁多，共有脊椎动物489种，占全自治区总数的68.92%，占全国总数的11%。其中，哺乳动物7目18科83种，鸟纲动物18目56科328种，两栖纲动物2目5科8种，爬行纲动物2目3科8种，鱼纲动物7目13科62种。其中，国家一级保护野生动物17种，国家二级保护野生动物63种，另有264种野生动物列入了我国有重要经济和科学研究价值的陆生野生动物名录，166种候鸟列入了《中日两国保护候鸟及其栖息地环境协定》，49种候鸟列入了《中澳两国保护候鸟及其栖息地环境协定》。

为加强生物多样性保护，截至2020年，呼伦贝尔市地方林业管辖范围内已建立各级自然保护区18处，其中国家级自然保护区2处，自治区级自然保护区5处，旗市级自然保护区11处，总面积已达1.39万平方千米，占全市国土总面积的5.2%。主要保护对象分别为大兴安岭寒温带原始针叶林生态系统、大兴安岭典型次生林生态系统、蒙古高原湖、河流湿地和珍禽生态系统等。本研究中，呼伦贝尔市生态空间生物多样性保育功能价值量为2409.68亿元/年，其中森林、湿地、草地生态系统占比如图5-2，总体来看，呼伦贝尔市生态空间生物多样性保育功能禀赋显著。

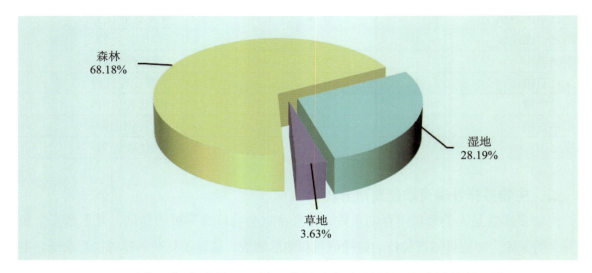

图5-2　呼伦贝尔市森林、湿地、草地生物多样性保育功能价值量占比

> 生物多样性保育功能禀赋：一个地区生态空间发挥的生物多样性保育功能的丰裕程度。

呼伦贝尔市各旗市生物多样性保育功能禀赋系数见表5-2，根河市、额尔古纳市和鄂伦春自治旗的 $EF > 2$，具有强生物多样性保育功能禀赋的比较优势；新巴尔虎左旗和牙克石市的 $1 < EF < 2$，具有中等生物多样性保育功能禀赋的比较优势；其余旗市 $EF < 1$，说明这些旗市不具备生物多样性保育功能禀赋的比较优势。这是由于生态空间面积的大小对物种丰富度有着积极影响，且谱系多样性和功能多样性都与斑块面积成正相关，生态空间面积越大，可以容纳的物种更多，同时也包含更高的谱系和功能多样性。呼伦贝尔市生物多样性保育功能禀赋系数与生态资源面积如图5-3所示，整体而言，在区域经济发展水平一致的情况下，生态资源面积越大，生物多样性保育功能禀赋系数越高，表明该区域的生物多样性保育功能禀赋具有比较优势。此外，生态空间资源数量结构，即森林、湿地、草地生态系统面积占比对生物多样性保育功能禀赋具有重要作用，这是由于不同的生态系统发挥的生物多样性性保育功能强弱不同，通常为湿地生态系统＞森林生态系统＞草地生态系统。例如，呼伦贝尔市根河市和新巴尔虎左旗，二者生态空间资源面积和社会经济发展条件相当，由于根河市湿地生态系统面积占比较高，因而其生物多样性保育功能禀赋具有强比较优势。

第五章 呼伦贝尔市典型生态产品禀赋分析与价值化实现路径设计

表 5-2 呼伦贝尔市生物多样性保育功能禀赋系数和比较优势

各旗市	EF值	生物多样性保育功能禀赋比较优势
海拉尔区	0.02	无比较优势
阿荣旗	0.66	无比较优势
莫力达瓦达斡尔族自治旗	0.31	无比较优势
鄂伦春自治旗	3.57	强比较优势
鄂温克族自治旗	0.69	无比较优势
陈巴尔虎旗	0.51	无比较优势
新巴尔虎右旗	0.59	无比较优势
新巴尔虎左旗	1.75	中等比较优势
满洲里市	0.01	无比较优势
牙克石市	1.98	中等比较优势
扎兰屯市	0.63	无比较优势
额尔古纳市	4.42	强比较优势
根河市	5.02	强比较优势

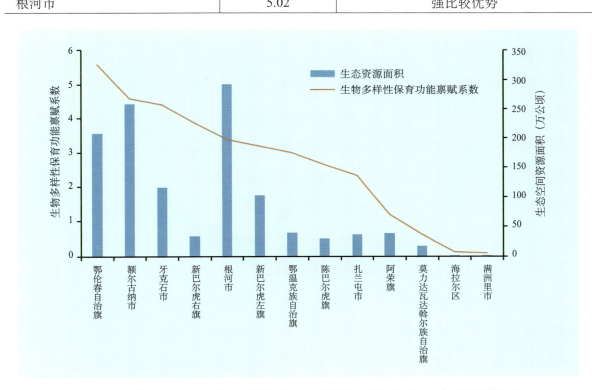

图 5-3 呼伦贝尔市生物多样性保育功能禀赋系数和生态空间资源面积

因此，呼伦贝尔市应充分利用根河市、额尔古纳市、鄂伦春自治旗、新巴尔虎左旗和牙克石市的生物多样性保育功能禀赋的比较优势，遵循经济规律与自然规律的相互统一，依靠科技创新，坚持保护优先、适度开发的方针，强化生态环境保护与建设，继续实施天然林保护等生态工程，恢复生态功能，保护生物多样性，发挥森林、草地、湿地的科学研究、科普宣教和生态旅游等重要作用，推动"绿色基因库"产品价值化实现。

三、生态康养功能禀赋分析

呼伦贝尔市生态康养资源禀赋十分丰富，拥有森林、草原、湿地、湖泊、河流，构成了目前中国规模最大、最为完整的生态系统，是国家森林城市、中国优秀旅游城市、全国唯一的草原旅游重点开发地区、国家级旅游业改革创新先行区。呼伦贝尔市独有的生态资源，比如原始森林和草原，大多数到现在始终维持最初的面貌，植被覆盖和地貌都具备独特之处，具备较高的旅游与发掘意义。呼伦贝尔草原的面积相对较大，生态风貌维持较好，是中国目前保存最完整的大草原之一，已成为国内重要的开发地区。当前，草原旅游成为本地区重要的旅游活动，变成地区发展的主要形象，和其他景点相比最具价值的竞争优势，具有"草原之都"的美誉。此外，呼伦贝尔市冰雪时间超过半年，天然冰雪景色和无污染的冰雪文化是其冰雪旅游的重要优势，入选2022年冰雪旅游十佳城市。本研究中，呼伦贝尔市生态空间生态康养功能价值量为645.13亿元/年，其中森林、湿地、草地生态系统占比分别为36.28%、13.78%、49.94%（图5-4），呼伦贝尔市得天独厚的生态空间资源具有发展生态康养产业的比较优势。

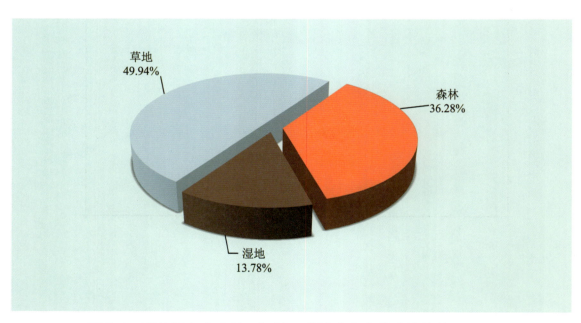

图 5-4　呼伦贝尔市森林、湿地、草地生态康养功能价值量占比

> 生态康养功能禀赋：一个地区生态空间发挥的生态康养功能的丰裕程度。

呼伦贝尔市各旗市生态康养功能禀赋系数如表5-3所示，新巴尔虎左旗、新巴尔虎右旗、额尔古纳市、根河市和鄂伦春自治旗的 $EF>2$，具有强生态康养功能禀赋的比较优势；陈巴尔虎旗、鄂温克族自治旗和牙克石市的 $1<EF<2$，具有中等生态康养功能禀赋的比较优势；其余旗市 $EF<1$，说明这些旗市不具备生态康养功能禀赋的比较优势。呼伦贝尔

市社会经济发展和生态康养功能禀赋系数的对应关系如图 5-5 所示，整体呈现出生态康养功能禀赋系数与社会经济发展呈负相关的特征，即生态康养功能禀赋系数高的旗市生产总值低。

表 5-3　呼伦贝尔市生态康养功能禀赋系数和比较优势

各旗市	EF值	生态康养功能禀赋比较优势
海拉尔区	0.03	无比较优势
阿荣旗	0.33	无比较优势
莫力达瓦达斡尔族自治旗	0.23	无比较优势
鄂伦春自治旗	2.02	强比较优势
鄂温克族自治旗	1.06	中等比较优势
陈巴尔虎旗	1.47	中等比较优势
新巴尔虎右旗	3.26	强比较劣势
新巴尔虎左旗	6.03	强比较优势
满洲里市	0.03	无比较优势
牙克石市	1.15	中等比较优势
扎兰屯市	0.40	无比较优势
额尔古纳市	3.19	强比较优势
根河市	2.60	强比较优势

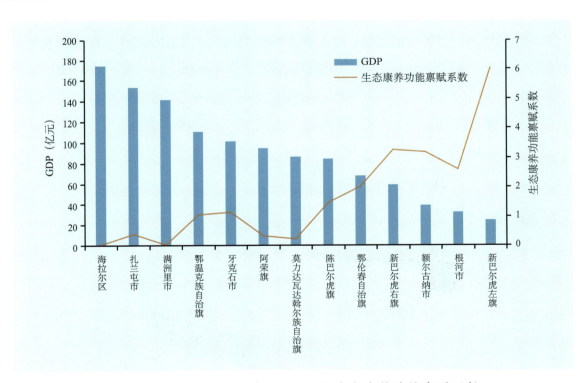

图 5-5　呼伦贝尔市各旗市 GDP 和生态康养功能禀赋系数

呼伦贝尔市应在具有生态康养功能比较优势的旗市，依托生态空间资源，大力发展生态康养产业、旅游产业，促进其生态康养功能价值化实现，打破呼伦贝尔地区因人口密度低所导致的低需求规模对区域经济发展的制约，培育生态康养产业、旅游产业经济增长点，带动其交通运输、邮电通信、对外贸易、城市建设、景观修建、环境保护、医疗卫生、工艺特产、文化娱乐、生活服务和广播宣传等行业迅速发展，从而促进地区经济的全面发展。

四、碳中和功能禀赋分析

为应对全球气候变化，我国于 2020 年首次提出碳达峰、碳中和"3060"目标。呼伦贝尔市凭借其丰富的生态资源，通过森林、湿地、草地"绿色碳库"功能吸收固定空气中的二氧化碳，起到了弹性减排的作用，减轻了工业减排的压力，碳中和功能禀赋显著。呼伦贝尔市紧抓双碳目标下转型发展的机遇与挑战，启动《呼伦贝尔市"十四五"应对气候变化规划》《呼伦贝尔市碳排放达峰行动方案》和《呼伦贝尔市温室气体排放清单》编制等工作，全力筑牢祖国北疆生态安全屏障，坚持生态与经济效益并重、生态与企业发展并行，深入贯彻绿色发展理念。依据评估结果，2020 年呼伦贝尔市生态空间总固碳量为 1742.25 万吨，其中森林固碳量为 1203.65 万吨，湿地生态系统为 131.99 万吨，草地生态系统为 406.61 万吨，森林、湿地、草地生态系统碳中和量占比如图 5-6 所示。生态空间总固碳量可折合成 6388.25 万吨二氧化碳，相当于中和了内蒙古自治区 2019 年碳排放量的 9.27%，碳中和能力显著，对于呼伦贝尔市生态文明建设具有重大的推进作用。此外，呼伦贝尔市地处重点生态功能区（大小兴安岭森林生态功能区和呼伦贝尔草原草甸生态功能区）、生态脆弱区（东北林草交错生态脆弱区、北方农牧交错生态脆弱区）、生态屏障区（东北森林带）、全国重要生态系统保护和修复重大工程区（大小兴安岭森林生态保育区、内蒙古高原生态保护和修复区）等典型生态区，未来伴随着典型生态区生态修复措施的实施，新技术和新能源的使用和碳汇交易的开

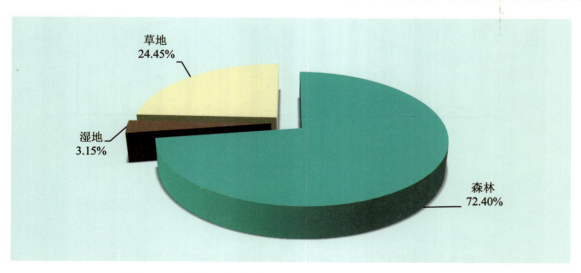

图 5-6　呼伦贝尔市森林、湿地、草地碳中和量占比

展，森林、湿地、草地等生态空间的碳中和功能禀赋将显著提高，同时促进全市国民经济的发展，为生态建设提供支持，为全市生态环境的改善作出巨大贡献。

呼伦贝尔市碳中和功能禀赋系数如表 5-4 所示，额尔古纳市、根河市、新巴尔虎左旗和鄂伦春自治旗的 $EF > 2$，具有强碳中和功能禀赋的比较优势；牙克石市和新巴尔虎右旗的 $1 < EF < 2$，具有中等碳中和功能禀赋的比较优势；其余旗市 $EF < 1$，说明这些旗市不具备碳中和功能禀赋的比较优势。

表 5-4　呼伦贝尔市碳中和功能禀赋系数和比较优势

各旗市	EF 值	碳中和功能禀赋比较优势
海拉尔区	0.06	无比较优势
阿荣旗	0.51	无比较优势
莫力达瓦达斡尔族自治旗	0.41	无比较优势
鄂伦春自治旗	2.95	强比较优势
鄂温克族自治旗	0.78	无比较优势
陈巴尔虎旗	0.75	无比较优势
新巴尔虎右旗	1.59	中等比较优势
新巴尔虎左旗	3.60	强比较优势
满洲里市	0.03	无比较优势
牙克石市	1.61	中等比较优势
扎兰屯市	0.56	无比较优势
额尔古纳市	4.32	强比较优势
根河市	3.60	强比较优势

目前，国家发展改革委备案林业碳汇项目方法学有 3 个，即碳汇造林、竹子造林碳汇和森林经营碳汇项目方法学。在未来的发展过程中，最适合呼伦贝尔市的方法为森林经营碳汇项目方法学，由于该地区大部分森林属于中龄林，正处于旺盛的生长期，森林固碳能力处于增长期和高峰期。只要经营得当，森林就会一直处于较好的生长状态，起到长期吸碳和固碳作用。本研究中，呼伦贝尔市森林单位面积蓄积量为 113 立方米 / 公顷，如果通过多功能经营的手段使呼伦贝尔市森林资源单位面积蓄积量达到 139.44 立方米 / 公顷的同纬度欧洲森林单位面积蓄积量的平均水平，将极大提高森林碳中和禀赋。根据森林生态系统服务修正系数推算，呼伦贝尔市森林质量达到北欧平均水平时，全市森林生态系统年固碳量将达到 2149.91 万吨，每年可中和 7883.00 万吨二氧化碳。

尽管呼伦贝尔市在森林培育方面取得了一定的成绩，但现有的森林资源质量还需要进一步加强。应引进不同树种，优化树种结构；对于幼龄林要更加重视，积极做好防虫防灾工作；加大对森林资源的保护力度，结合相关法律法规建立有效的保护机制。通过提高森林资源的质量来增强森林的固碳能力，使大兴安岭林区在森林碳汇交易中更具优势，更具话语权。另外，需要确保天然林保护重点区域，对所有天然林实行保护，禁止毁林开垦，将天然林改造为人工林等其他破坏天然林及其生态环境的行为。此外，还需借鉴北欧国家森林经营的方式和理念，采取科学有效的经营手段持续增加单位面积蓄积量和生长量以提升森林碳汇能力，实施森林资源的可持续经营，保证当前和未来的森林碳汇项目实施过程中具有充足的物质基础；及时伐除过熟木、枯立木、病腐木，不让碳汇变碳源，选择培育寿命长、经营周期长的大径级林木作为培育对象，充分挖掘林地生产潜力，提高森林生物量，对过密林分适时疏伐，减少树木的自然枯死，从而减少森林自身的碳排放、减少对森林的人为干扰，采用"近自然育林"技术，加大林区基础设施建设，提高森林经营效率和管理水平以及加强观测样地建设，积累碳活动对森林变化的响应数据，不断完善森林经营技术。此外，针对碳汇产业的发展，需要建立统一的森林碳汇计量监测体系和标准，加强碳汇管理和基础研究工作，加强碳汇林业的经济投入，鼓励企业捐资造林增汇，志愿减排，加强宣传，规范推进碳汇林业。开展林业碳汇知识的宣传和普及，提高公众应对气候变化意识及造林固碳意识；促进企业、个人积极参与以积累碳汇为目的的造林和森林经营活动。

第三节　生态产品价值化实现路径设计

习近平总书记在深入推动长江经济带发展座谈会上强调，要积极探索推广绿水青山转化为金山银山的路径，选择具备条件的地区开展生态产品价值实现机制试点，探索政府主导、企业和社会各界参与、市场化运作、可持续的生态产品价值实现路径。探索生态产品价值实现，是建设生态文明的应有之义，也是新时代必须实现的重大改革成果。

> 生态产品价值实现：生态产品价值化实现（ecosystem product value realization）的过程，就是将生态产品所蕴含的内在价值转化为经济效益、社会效益和生态效益的过程，是经济社会发展格局、城镇空间布局、产业结构调整和资源环境承载能力相适应的过程，有利于实现生产空间、生活空间和生态空间的合理布局。

2021年4月26日，中共中央办公厅、国务院办公厅印发了《关于建立健全生态产品价值实现机制的意见》，提出了生态产品价值实现的主要目标：到2025年，生态产品价值实现的制度框架初步形成，比较科学的生态产品价值核算体系初步建立，生态保护补偿和生态环境损害赔偿政策制度逐步完善，生态产品价值实现的政府考核评估机制初步形成，生态产品"难度量、难抵押、难交易、难变现"等问题得到有效解决（图5-7），保护生态环境的利益导向机制基本形成，生态优势转化为经济优势的能力明显增强。到2035年，完善的生态产品价值实现机制全面建立，具有中国特色的生态文明建设新模式全面形成，广泛形成绿色生产生活方式，为基本实现美丽中国建设目标提供有力支撑。

我国在探索生态产品价值实现进程中，开展了诸多有益工作，例如，在生态产品的产权上，建立归属清晰、权责明确、监管有效的产权制度，培育形成多元化的生态产品市场生产、供给主体；在生态产品的市场体系建设上，创设生态产品及其衍生品交易市场，建设有效的价格发现与形成机制，形成统一、开放、竞争、有序的生态产品市场体系。

图 5-7　生态产品价值实现机制瓶颈问题

张林波等（2020）在大量国内外生态文明建设实践调研的基础上，总结分析近百个生态产品价值实现实践案例，从生态产品使用价值的交换主体、交换载体、交换机制等角度，归纳形成 8 大类和 22 小类生态产品价值实现的实践模式或路径，包括生态保护补偿、生态权益交易、资源产权流转、资源配额交易、生态载体溢价、生态产业开发、区域协同开发和生态资本收益等。国际上较为成功的案例：①法国国家公园使国家公园公共性生态产品价值附着在国家公园品牌产品上实现载体溢价，利用良好的生态环境吸引企业投资、刺激产业发展，是间接载体溢价模式；②瑞典森林经理计划在保证采伐量低于生长量的前提下开展经营；③德国"村庄更新"计划依托生物资源发展农村产业链；④法国毕雷矿泉水公司为保持水质向上游水源涵养区农牧民支付生态保护费用；⑤哥斯达黎加 EG 水公司为保证发电所需水量、减少泥沙淤积购买上游生态系统服务。

王兵等（2020）结合中国森林生态系统服务评估实践，设计了森林生态系统生态产品价值化实现路径，将森林生态系统的四大服务（支持服务、调节服务、供给服务、文化服务）的 9 大功能类别与 10 大类实现路径建立了功能与服务转化率高低和价值化实现路径可行性的大小关系（图 5-8）。森林生态产品价值化实现路径可分为就地实现和迁地实现。就地实现为在生态系统服务产生区域内完成价值化实现，例如，固碳释氧、净化大气环境等生态功能价值化实现；迁地实现为在生态系统服务产生区域之外完成价值化实现，例如，大江大河上游森林生态系统涵养水源功能的价值化实现需要在中、下游予以体现。

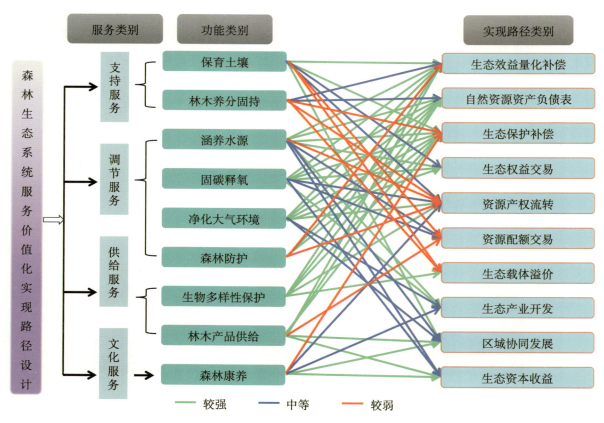

不同颜色代表了功能与服务转化率的高低和价值化实现路径可行性的大小

图 5-8　森林生态产品价值实现路径设计

为实现多样化的生态产品价值，需要建立多样化的生态产品价值实现途径。加快促进生态产品价值实现，需遵循"界定产权、科学计价、更好地实现与增加生态价值"的思路，有针对性的采取措施，更多运用经济手段最大程度地实现生态产品价值，促进环境保护与生态改善。本节基于呼伦贝尔市生态产品禀赋，结合生态产品价值化实现典型案例，设计呼伦贝尔市生态产品价值化实现路径，进而为管理者制定生态补偿措施，解决生态产品供给不足和市场需求无法满足的困境提供决策依据。

一、生态效益精准量化补偿

呼伦贝尔市拥有丰富的森林、湿地、草地资源，每年发挥 12310.27 亿元的生态服务功能，生态产品价值极大。以呼伦贝尔市森林生态效益精准量化补偿为例，利用人类发展指数的森林生态效益多功能定量化补偿系数计算方法，计算出森林生态效益定量化补偿系数、财政相对能力补偿指数、补偿总量及补偿额度。

探索开展生态产品价值计量，推动横向生态补偿逐步由单一生态要素向多生态要素转变，丰富生态补偿方式，加快探索"绿水青山就是金山银山"的多种现实转化路径。

第五章　呼伦贝尔市典型生态产品禀赋分析与价值化实现路径设计

> 生态效益量化补偿：是基于人类发展指数的多功能定量化补偿，结合了生态系统服务和人类福祉的其他相关关系，并符合不同行政单元财政支付能力的一种给予生态系统服务提供者的奖励。
>
> 人类发展指数是对人类发展情况的总体衡量尺度。主要从人类发展的健康长寿、知识的获取以及生活水平三个基本维度衡量一个国家取得的平均成就。

2016年5月，国务院办公厅发布《关于健全生态保护补偿机制的意见》（简称《意见》），提出"以生态产品产出能力为基础，加快建立生态保护补偿标准体系"（国务院办公厅，2016）。《意见》要求建立多元化生态保护补偿机制，将生态补偿作为生态产品价值实现的重要方式，明确生态产品产出能力是生态补偿标准的确定依据。根据《呼伦贝尔市统计年鉴2021》和《呼伦贝尔市2021年国民经济和社会发展统计公报》数据，计算得出呼伦贝尔森林生态效益多功能定量化补偿系数、财政相对补偿能力指数、补偿总量及补偿额度（表5-5）。

表5-5　2020呼伦贝尔市森林生态定量化补偿情况

政府相对补偿能力指数	补偿系（%）	补偿总量（亿元）	补偿额度	
			元/（公顷·年）	元/（亩·年）
0.052	0.66	47.64	425.05	28.34

> 森林生态效益量化补偿分配系数：指各旗市森林生态效益与全市森林生态效益的比值，该系数表明，某一旗市森林生态效益越高，那么相应地获得的补偿总量就越多。

结果表明：森林生态效益多功能定量化补偿额度为425.05元/公顷/年，相当于28.34[元/（亩·年）]，这部分属于纵向生态补偿，补偿资金可由中央、省级和地方三级财政承担。森林生态效益多功能定量化补偿额度高于政策性补偿平均5[元/（亩·年）]，这就为呼伦贝尔市森林的生态效益带来更多的转移支付的价值收益。2020年呼伦贝尔市生产总值(GDP)为1172.2亿元，如果政府每年投入约4%的财政收入来进行森林生态效益补偿，将会极大地提高当地人民的幸福指数，这将更加有利于呼伦贝尔市的森林资源经营与管理。

为了能够更加科学合理地实现生态效益的补偿，可以通过森林生态效益补偿分配系数来确定各旗市林业和草原局所获得的补偿总量及补偿额度。根据呼伦贝尔市森林生态效益定量化补偿额度计算出各旗市森林生态效益定量化补偿额度（表5-6）。2020年呼伦贝尔市各旗市生态效益分配系数介于0.01%~23.88%之间，最高的为鄂伦春自治旗，其次是额尔古纳市和牙克石市。补偿总量的变化趋势与补偿系数的变化趋势一致，均与各旗市森林生态效益价值量成正比。随着人们生活水平的不断提高，人们对于舒服环境的追求已经成为一种趋势，而森林生态系统对舒适环境的贡献已形成共识，所以如果政府每年投入约4%的财政收入来进行森林生态效益补偿，那么相应地将会极大提高当地人民的幸福指数（牛香，2012）。

表 5-6 呼伦贝尔市各旗市区森林生态效益定量化补偿情况

各旗市	生态效益（亿元/年）	分配系数（%）	补偿总量（亿元）	补偿额度	
				元/（公顷·年）	元/（亩·年）
鄂伦春自治旗	1722.49	23.88	10.91	397.84	26.52
额尔古纳市	1331.31	18.46	8.43	404.42	26.96
牙克石市	1276.14	17.69	8.08	410.85	27.39
根河市	1047.57	14.52	6.63	409.93	27.33
扎兰屯市	733.45	10.17	4.65	414.72	27.65
鄂温克族自治旗	404.49	5.61	2.56	405.41	27.03
阿荣旗	388.31	5.38	2.46	441.45	29.43
莫力达瓦达斡尔族自治旗	134.48	1.86	0.85	412.46	27.50
新巴尔虎左旗	80.85	1.12	0.51	351.68	23.45
陈巴尔虎旗	83.26	1.15	0.53	429.77	28.65
海拉尔区	5.48	0.08	0.03	533.89	35.59
新巴尔虎右旗	4.17	0.06	0.03	713.82	47.59
满洲里市	0.43	0.01	0.0027	910.70	60.71

二、生态保护补偿

> 生态保护补偿：指政府或相关组织机构从社会公共利益出发向生产供给公共性生态产品的区域或生态资源产权人支付的生态保护劳动价值或限制发展机会成本的行为，可以分为以上级政府财政转移支付为主要方式的纵向生态补偿、流域上下游跨区域的横向生态补偿、中央财政资金支持的各类生态建设工程、对农牧民生态保护进行的个人补贴补助四种方式。

该模式的典型案例为自然资源部发布的《生态产品价值实现典型案例（第三批）》中的美国马德福农场案例。美国马德福农场综合运用多种路径和措施以实现生态产品的价值，对于能够直接市场交易的农产品、旅游狩猎服务等，通过市场化方式实现其价值；对于带有公共品特征的清洁水质、湿地生态系统服务等，一方面充分利用政府管控所形成的交易市场，推动了湿地信用、水质信用等多种"指标"交易，显化了生态价值；另一方面，积极参与美国"土地休耕增强计划（conservation reserve enhancement program，CREP）"并获得政府补贴，其实质是一种生态补偿措施，农场实施休耕和生态修复，增强了生态产品的供给能力，政府通过补贴的方式"购买"农场生产的生态产品，推动形成了"保护者受益、使用者付费"的利益循环。

我国重点林业生态工程之一的"退耕还林工程"与美国"土地休耕增强计划"相类似，从保护生态环境出发，有计划、有步骤地停止耕种水土流失、沙化、盐碱化、石漠化严重的耕地以及粮食产量低而不稳的耕地，因地制宜地造林种草，恢复植被。截至2019年年底，累计实施退耕还林还草5.15亿亩，其中退耕地还林还草2.06亿亩、宜林荒山荒地造林2.63亿亩、封山育林0.46亿亩，中央财政累计投入5174亿元，4100万农户1.58亿农民直接受益。呼伦贝尔市是实施退耕还林工程的重点区域，前一轮退耕还林任务为184.1万亩，其中退耕地还林48.6万亩、荒山荒地造林92.5万亩、封山育林43万亩；新一轮退耕还林还草任务为荒山荒地造林2.83万亩、退耕还林3.74万亩。政府通过安排中央财政林业补助资金用于森林生态效益补偿、林业补贴、森林公安和国有林场改革等方面。2020年，呼伦贝尔市林业专项资金共计74335万元，其中天保工程政策性社会性支出补助7199万元，草原生态保护修复治理补助4828万元，退耕还林还草补助98万元，森林资源管护支出58681万元，森林资源培育支出1264万元，生态保护体系建设支出2265万元。呼伦贝尔市通过实施退耕还林还草取得了生态改善、农民增收、农业增效和农村发展的显著综合效益，有效保障了祖国北疆的生态安全。

三、生态权益交易

该模式的典型案例为自然资源部发布的《生态产品价值实现典型案例（第三批）》中的德国生态账户及生态积分案例、福建三明市碳汇交易促进生态产品价值实现案例。

> 生态权益交易：指生产消费关系较为明确的生态系统服务权益、污染排放权益和资源开发权益的产权人和受益人之间直接通过一定程度的市场化机制实现生态产品价值的模式，是公共性生态产品在满足特定条件成为生态商品后直接通过市场化机制方式实现价值的唯一模式，是相对完善成熟的公共性生态产品直接市场交易机制，相当于传统的环境权益交易和国外生态系统服务付费实践的合集。

德国生态账户是一种政府管控与市场交易相结合的价值实现模式，政府以法律形式明确"对自然生态造成的影响必须得到补偿"，并规定了生态账户及生态积分的评估、登记、使用和交易等规则，形成了由占用者或第三方建立生态账户、获得生态积分并进行交易的市场，其实质是将带有公共品性质、难以进行交易的生态系统服务，转化为可以直接市场交易的生态积分或指标，促进生态价值的实现。在生态价值核算过程中，德国不是采用"货币化"的方式度量生态系统服务的价值，而是采用"指数化"的方式将其转化为生态积分，既避免陷入"算多少、值多少"的误区，又为通过市场力量配置生态产品奠定了基础。福建三明市借助国际核证碳减排、福建碳排权交易试点等管控规则和自愿减排市场，探索开展林业碳汇产品交易，是将生态系统的"绿色碳库"功能转化为可交易的碳汇产品，有利于实现生态产品的综合效益。

呼伦贝尔市生态资源丰富，森林、湿地、草地通过"绿色碳库"功能吸收固定空气中的二氧化碳，起到了弹性减排的作用，减轻了工业减排的压力，碳中和能力显著，具备建立降碳产品价值实现机制的基础和优势。通过借鉴以上案例，以生态权益交易模式逐步打通生态价值转化为经济价值的渠道，实现生态环境保护与经济发展协同共进。例如，采用生态权益交易中的污染排放权益模式，将森林、湿地、草地生态系统"绿色碳库"功能以碳封存的方式进入市场交易，用于企业的碳排放权购买。

为加快实现降碳产品价值有效转化，遏制高耗能、高排放行业盲目发展，助力经济社会发展全面绿色转型，呼伦贝尔市应该建立以政府主导、市场运作的"谁开发谁受益、谁超排谁付费"的降碳产品价值实现政策体系，调动全社会开发降碳项目积极性，激发"两高"企业节能减污降碳内生动力，充分发挥市场在资源配置中的决定性作用，推动降碳产品生态价值有效转化。

紧紧围绕增强生态空间固碳能力，持续开展国土绿化行动，加强典型生态区（大小兴安岭森林生态功能区、呼伦贝尔草原草甸生态功能区、东北森林带、大小兴安岭森林生态保育区和内蒙古高原生态保护和修复区等）生态系统保护和修复，提升生态系统质量；大力推进大兴安岭林区及周边区域林业质量提升工程，加强湿地保护，深入实施草原生态修复工程；科学选择造林树种，抓好中幼龄林抚育、退化林修复、疏林封育及补植补造、灌木林经营提升等工作。以降碳产品方法学为指导，加快全市降碳产品开发、申报、登记等工作，鼓励支持社会各界开发降碳产品，加强降碳项目储备。在煤炭、电力、有色金属、机械加工等行业等开展建设项目碳排放环境影响评价试点，科学确定新改扩建项目碳排放量，核定现有煤炭、电力、有色金属、机械加工企业年度碳排放总量，引导超出核定总量的煤炭、电力、有色金属、机械加工企业购买降碳产品，原则上新改扩建项目按照年核发排放量的1%一次性购买碳中和量，现有煤炭、电力、有色金属、机械加工企业按照超出核定总量部分的10%购买碳中和量。鼓励政府机关、国有企业、社会机构、科研院所在举办专业会议、商务展览、大型活动时，购买降碳产品中和碳排放。依托呼伦贝尔市公共资源交易中心，建立全省降碳产品价值实现管理平台，组织实施降碳产品项目审核、备案，将生态空间"绿色碳库"功能以碳封存的方式放到市场上交易，用于企业的碳排放权购买。

2021年1月8日，内蒙古大兴安岭碳汇科技有限责任公司正式注册成立，通过专业化经营推动林区碳汇产业发展，进入全国全区碳排放权交易市场。4月8日，即在自治区产权交易中心完成了26万吨减排量挂牌竞价销售，实现销售额299万元，2021年碳汇销售累计实现销售额490万元。此外，森工集团将在14个林业局有限公司推动开展VCS和CCER碳汇项目开发储备工作，打造全国最大碳汇储备基地。

第五章 呼伦贝尔市典型生态产品禀赋分析与价值化实现路径设计

四、资源产权流转

资源产权流转模式的典型案例为自然资源部发布的《生态产品价值实现典型案例（第三批）》中的福建省三明市林权改革促进生态产品价值实现案例。福建省三明市通过集体林权制度改革明晰了林权，探索开展"林业碳票"制度改革，引导林权有序流转、合作经营和规模化管理，破解了林权碎片化问题，提高了生态产品供给能力和整体价值。

> **资源产权流转**：指具有明确产权的生态资源通过所有权、使用权、经营权、收益权等产权流转实现生态产品价值增值的过程（马建堂，2019），可以按生态资源的类型分为耕地产权流转、林地产权流转、生态修复产权流转和保护地役权四种模式。

呼伦贝尔市森林、湿地、草地生态系统在净化水质方面具有非常显著的作用，其优质的水资源已经被人们所关注。呼伦贝尔市森林生态系统年涵养水源量为189.89亿立方米，这部分水资源大部分会以地表径流的方式流出森林生态系统，其余的以入渗的方式补给了地下水，成为优质的水资源。采用资源产权流转模式，引入饮用水生产企业开发优质的地下水资源，同时企业投资进一步推进森林资源的优化管理，提升森林生态系统涵养水源能力，也利于生态保护目标的实现。例如，内蒙古大兴安岭林区内现有饮用水生产企业有北纬48°和阿尔山矿泉，北纬48°拥有两条产能分别为日产7000箱350毫升和日产1500桶18.9升的生产线，如果两条生产线满负荷工作，每年可实现产能4.68万吨，产值约为1.66亿元；阿尔山矿泉年产量30万吨，产值约为32.23亿元。通过资源产权流转的价值化实现路径，内蒙古大兴安岭林区森林净化水质功能目前已实现33.89亿元/年。

五、资源配额交易

资源配额交易模式实施的前提是政府通过管制使生态资源具有稀缺性，促使生态资源匮乏的经济发达地区或需要开发占用生态资源的企业、个人付费达到国家管制要求，有条件基础好的地区、企业或个人通过保护、恢复生态资源获得经济收益。

> **资源配额交易**：指为了满足政府制定的生态资源数量的管控要求而产生的不涉及资源产权的、纯粹的资源配额指标交易，可以分为总量配额交易和开发配额交易两类。

该模式的典型案例为自然资源部发布的《生态产品价值实现典型案例（第一批）》中的重庆市森林覆盖率指标交易案例。为筑牢长江上游重要生态屏障，加快建设山清水秀美丽之地，推动城乡自然资本增值，重庆市2018年印发了《国土绿化提升行动实施方案（2018—2020年）》，提出到2022年全市森林覆盖率从45.4%提升到55%，2018—2020年计划完成营造林 1700 万亩。为了促使各区县切实履行职责，重庆市将森林覆盖率作为约束性指标，对每个区县进行统一考核，明确各地政府的主体责任。同时，考虑到各区县自然条件不同、发展定位各异、部分区县国土绿化空间有限等实际，印发了《重庆市实施横向生态补偿 提高森林覆盖率工作方案（试行）》，对完成森林覆盖率目标确有困难的地区，允许其购买森林面积指标，用于本地区森林覆盖率目标值的计算，让保护生态的地区得补偿、不吃亏，探索建立了基于森林覆盖率指标交易的生态产品价值实现机制，形成了区域间生态保护与经济社会发展的良性循环。

依据上述案例，呼伦贝尔市也可通过植被（森林、草地、湿地）覆盖率指标交易的形式实现生态产品价值，具体作法（以森林覆盖率指标交易为例）：

一是明确任务、分类划标。由呼伦贝尔市林业和草原局根据全市的自然条件和主体功能定位，将 13 个旗市截至 2025 年年底的森林覆盖率目标划分为三类：大兴安岭林区森林覆盖率目标值不低于 70%；大兴安岭西部森林—草原过渡带森林覆盖率目标值不低于 50%；西部草原牧业区目标值不低于 30%（具体数值需根据呼伦贝尔市林业发展情况而定）。

二是构建平台，自愿交易。构建基于森林覆盖率指标的交易平台，对达到森林覆盖率目标值确有实际困难的旗市，允许其在呼伦贝尔市域内向森林覆盖率已超过目标值的旗市购买森林面积指标，计入本旗市森林覆盖率；但出售方扣除出售的森林面积后，其森林覆盖率不得低于规定标准。需购买森林面积指标的旗市与拟出售森林面积指标的旗市进行沟通，根据森林所在位置、质量、造林及管护成本等因素，协商确认森林面积指标价格，原则上不低于 1000 元/亩；同时，购买方还需要从购买之时起支付森林管护经费，原则上不低于 100 元/（亩·年），管护年限原则上不少于 15 年，管护经费可以分年度或分 3~5 次集中支付。交易双方对购买指标的面积、位置、价格、管护及支付进度等达成一致后，在呼伦贝尔市林业和草原局见证下签订购买森林面积指标的协议。交易的森林面积指标仅用于各旗市森林覆盖率目标值计算，不与林地、林木所有权等权利挂钩，也不与各级造林任务、资金补助挂钩。

三是定期监测，强化考核。协议履行后，由交易双方联合向呼伦贝尔市林业和草原局报送协议履行情况。呼伦贝尔市林业和草原局负责牵头建立追踪监测制度，制定检查验收、年度考核等制度规范，加强业务指导和监督检查，督促指导交易双方认真履行购买森林面积指标的协议，完成涉及交易双方的森林面积指标转移、森林覆盖率目标值确认等工作。呼伦贝尔市林业和草原局定期监测各旗市森林覆盖率情况，对森林覆盖率没有达到目标的旗市政府，提请市政府进行问责追责。

六、生态载体溢价

生态载体溢价主要针对自然生态系统被破坏或生态功能缺失地区，通过生态修复、系统治理和综合开发，恢复自然生态系统的功能，增加生态产品的供给，并利用优化国土空间布局、调整土地用途等政策措施发展接续产业，实现生态产品价值提升和价值"外溢"。

> **生态载体溢价**：指将无法直接进行交易的生态产品的价值附加在工业、农业或服务业产品上通过市场溢价销售实现价值的模式，分为直接载体溢价和间接载体溢价两种模式。

该模式的典型案例为自然资源部发布的《生态产品价值实现典型案例（第一批）》中的河北省唐山市南湖采煤塌陷区生态修复及价值实现案例。面对严重的采煤塌陷地问题，唐山市经过持之以恒的生态建设，让昔日30平方千米的南湖采煤塌陷区转变为全国最大的城市中央生态公园，并成功举办了2016唐山世界园艺博览会。南湖通过生态产业模式，积极布局文化、旅游、体育产业，促进吃住行、游购娱、体育运动、生态人文等多要素的集聚，推动湖产共融化、湖城一体化、生态产业化。2019年，南湖共接待游客700多万人次，实现游客数量、旅游收入的连续增长。随着生态环境的改善与配套设施的日益完善，逐步构建了以南湖为中心，产业融合、生态宜居、集约高效的国土空间新格局，不但带动了周边区域的土地增值，而且汇聚了人流、物流、资金流和信息流，形成了区域发展的新兴增长点，实现了生态产品价值的外溢。

呼伦贝尔市可借鉴该案例，针对自然生态系统被破坏或生态功能缺失地区，通过生态保护修复，实现生态产品价值提升和价值"外溢"。例如呼伦贝尔市草地生态系统，为加快发展草原牧区绿色低碳产业，应加大旅游区退化草原生态修复治理力度，提升自然景观质量。与此同时，依托草原牧区独特的自然资源禀赋和人文资源，按照草原生态化、生态产业化的要求，着力打造中国现代草牧业示范区、典型草原生态实验室、草原产业孵化中心、中国草原产业集聚区等一系列草原生态产业，用好地理名片，创建草原自然科普试点，打造一批具有草原文化特色的生态旅游线路，逐步探索出一条生态草牧业发展的新模式，从而实现生态产品价值的外溢。

七、生态产业开发

生态产业开发是市场化程度最高的生态产品价值实现方式，其关键是如何认识和发现生态资源的独特经济价值，如何开发经营品牌提高产品的"生态"溢价率和附加值。

> **生态产业开发**：指经营性生态产品通过市场机制实现交换价值的模式，可以根据经营性生态产品的类别分为物质原料开发和精神文化产品两类。

该模式的可参考案例为自然资源部发布的《生态产品价值实现典型案例（第三批）》中的吉林省抚松县发展生态产业推动生态产品价值实现案例。吉林省白山市抚松县面对禁止开发区域和限制开发区域占比高的现状，坚持生态优先、绿色发展，做大做优"绿水青山"，提升优质生态产品供给能力；利用得天独厚的资源禀赋条件和自然生态优势，因地制宜地发展矿泉水、人参、旅游三大绿色产业，促进生态产品价值实现和效益提升。

呼伦贝尔市政府应结合呼伦贝尔市森林、湿地、草地资源的发展与保护现状，积极鼓励多种资源的整合和开发利用，推进打造碳汇基地、商品林储备基地、绿化苗木基地、生态康养基地、绿色林特产品培育加工基地等"五大生态产业基地"，实施产业生态化、生态产业化，进而实现生态产品的价值转化。

以全力打造生态康养基地为例，具体作法：积极推进全域大旅游。按照"原生态、多民俗、国际化、全域游"定位，建立重点文化旅游产业项目库，健全文化旅游重点项目运行调度机制，实施全域智慧文旅工程，加快莫尔格勒河5A级景区创建和扎兰屯国家生态旅游度假区、陈巴尔虎旗草产业集聚区建设，提升森林草原旅游列车运营水平，完善高端民宿、精品客栈、星空营地等配套功能，推动景区提档升级，丰富创新产品供给。着力发展"文旅融合"。围绕推进"乌阿海满"草原森林文化旅游一体化发展，全力打造国内一流的草原森林生态和边境旅游目的地。重点打造"体旅融合"。继续安排1000万元引导资金鼓励青少年参与冰雪活动，加快海拉尔冰雪小镇、牙克石喜桂图小镇建设，办好内蒙古冰雪运动学校，拓展内蒙古冰上运动训练中心功能，提升"呼伦贝尔冰雪日""冰雪那达慕""冬季英雄会""中国冷极马拉松"等系列活动品牌的影响力，支持根河做强"中国冷极村"地标品牌，全力打造国际冰雪运动名城和时尚冰雪旅游胜地。

八、区域协同开发

区域协同发展可以分为在生态产品受益区域合作开发的异地协同开发和在生态产品供给地区合作开发的本地协同开发两种模式。

> 区域协同发展：指公共性生态产品的受益区域与供给区域之间通过经济、社会或科技等方面合作实现生态产品价值的模式，是有效实现重点生态功能区主体功能定位的重要模式，是发挥中国特色社会主义制度优势的发力点。

异地协同开发案例，如浙江金华—磐安共建产业园、四川成都—阿坝协作共建工业园，均是在水资源生态产品的下游受益区建立共享产业园，这种异地协同发展模式不仅保障了上游水资源生态产品的持续供给，同时为上游地区提供了资金和财政收入，有效地减少了上游地区土地开发强度和人口规模，实现了上游重点生态功能区定位。本地协同发展模式实施的前提是生态产品供给地区具有开发的基础和条件，并且所发展的经济产业对生态环境影响非常小，例如厦门—龙岩山海协作经济区，厦门通过提供资金、技术和项目扶持上游地区发展的同时，解决自己建设用地指标紧张的难题。

呼伦贝尔市可以通过引进外地企业、资本、创新的管理模式和成熟的技术，将外地企业先进的技术和管理模式引入呼伦贝尔市生态产品开发中，实现异地协同开发生态产品，例如在生态康养产品方面，应积极组织和参与东四盟市非遗展示交流、黑龙江·内蒙古"4+1"城际旅游联盟推介会，积极推广"乌阿海满"旅游线路，协同加大边境旅游试验区和中俄蒙跨境旅游合作区建设，开通满洲里至乌兰浩特新航线等。另外，通过引进本地企业公司和本地资本，让本地的优秀企业参与到呼伦贝尔市生态旅游产品的开发和运作中，以其先进的管理模式进行生态产品价值转化和管理，实现本地协同开发生态产品，例如在绿色农畜林产品方面，陈巴尔虎旗政府与兴安盟蒙犇牧业有限责任公司在畜牧养殖、繁育改良、牧联体大数据等方面达成共识，由兴安盟蒙犇畜牧有限责任公司投资建设陈巴尔虎旗种牛繁育中心，现已启动设施修缮。

此外，呼伦贝尔市地处重点生态功能区（大小兴安岭森林生态功能区和呼伦贝尔草原草甸生态功能区）、生态脆弱区（东北林草交错生态脆弱区、北方农牧交错生态脆弱区）、生态屏障区（东北森林带）、全国重要生态系统保护和修复重大工程区（大小兴安岭森林生态保育区、内蒙古高原生态保护和修复区）等典型生态区，对于保护生物多样性，调节东北亚地区水循环与局地气候、维护国家生态安全和保障国家木材资源具有重要战略意义。呼伦贝尔市相关部门应同吉林省、黑龙江省一起，坚持以"森林是陆地生态系统的主体和重要资源，是人类生存发展的重要保障"为根本遵循，以推动森林生态系统、草原生态系统自然恢复为导向，立足国家重点生态功能区，全面加强森林、草原、河湖、湿地等生态系统的保护，大力实施天然林保护和修复，连通重要生态廊道，切实强化重点区域沼泽湿地和珍稀候鸟迁徙地、繁殖地自然保护区保护管理，稳步推进退耕还林还草还湿、水土流失治理、矿山生态修复和土地综合整治等治理任务，提升区域生态系统功能稳定性，保障国家东北森林带生态安全。

九、生态资本收益

生态资本收益模式中的绿色金融扶持是利用绿色信贷、绿色债券、绿色保险等金融手段鼓励生态产品生产供给。生态保护补偿、生态权属交易、经营开发利用、生态资本收益等生态产品价值实现路径都离不开金融业的资金支持，即离不开绿色金融，可以说绿色金融是所有生态产品生产供给及其价值实现的支持手段（张林波等，2019）。但绿色金融发展，需要加强法制建设以及政府主导干预，才能充分发挥绿色金融政策在生态产品生产供给及其价值实现中的信号和投资引导作用。

> 生态资本收益：指生态资源资产通过金融方式融入社会资金，盘活生态资源实现存量资本经济收益的模式（高吉喜，2016）；可以划分为绿色金融扶持、资源产权融资和补偿收益融资三类。

该模式的可参考案例为自然资源部发布的《生态产品价值实现典型案例（第一批）》中的福建省南平市"森林生态银行"案例。福建省南平市借鉴商业银行分散化输入、整体化输出的模式，构建"森林生态银行"这一自然资源管理、开发和运营的平台，对碎片化的森林资源进行集中收储和整合优化，转换成连片优质的"资产包"引入社会资本和专业运营商具体管理，打通了资源变资产、资产变资本的通道，提高了资源价值和生态产品的供给能力，促进了生态产品价值向经济发展优势的转化。

依据此案例，对呼伦贝尔市主要生态空间引入社会资本和专业运营商具体管理，实现生态资本收益，具体作法：

一是政府主导，设计和建立"生态银行"运行机制，由市林业和草原局控股、其他县市区林业和草原局及社会组织团体等参股，成立资源运营有限公司，注册一定资本金，作为"生态银行"的市场化运营主体。公司下设数据信息管理、资产评估收储等"两中心"和资源经营、托管、金融服务等"三公司"，前者提供数据和技术支撑，后者负责对资源进行收储、托管、经营和提升；同时整合资源调查团队和基层看护人员等力量，有序开展资源管护、资源评估、改造提升、项目设计、经营开发、林权变更等工作。

二是全面摸清森林、湿地、草地资源底数。根据林地分布、森林质量、保护等级、林地权属等因素对森林资源进行调查摸底；根据湿地面积、湿地类型、湿地分布、湿地水质等因素对湿地资源进行调查摸底；根据草地分布、草地退化程度、草场等级等因素对草地资源进行调查摸底，并进行确权登记，明确产权主体、划清产权界线，形成全市资源"一张网、一张图、一个库"数据库管理。通过核心编码对全市资源进行全生命周期的动态监管，实时掌握质量，数量及管理情况，实现资源数据的集中管理与服务。

三是推进资源流转，实现资源资产化。鼓励农民、牧民在平等自愿和不改变林地、草地所有权的前提下，将碎片化的森林、草地资源经营权和使用权集中流转至"生态银行"，由后者通过科学管理等措施，实施集中储备和规模整治，转换成权属清晰、集中连片的优质"资产包"。为保障农牧民利益和个性化需求，"生态银行"共推出入股、托管、租赁、赎买4种流转方式，同时，"生态银行"可与呼伦贝尔市某担保公司共同成立林业融资担保公司，为有融资需求的相关企业、集体或农牧民提供产权抵押担保服务，担保后的贷款利率要低于一般项目的利率，通过市场化融资和专业化运营，解决资源流转和收储过程中的资金需求。

四是开展规模化、专业化和产业化开发运营，实现生态资本增值收益。优化林分结构，增加林木蓄积量，促进森林资源资产质量和价值的提升。引进实施 FSC 国际森林认证，规范传统林区经营管理，为森林加工产品出口欧美市场提供支持。积极发展木材经营、林下经济、森林康养等"林业+"产业，推动林业产业多元化发展；加强对湿地的保护，在不破化湿地生态环境的情况下，合理开采湿地提供的鱼虾产品以及芦苇等植物产品；加强对牧草的引种与培育，提升可食牧草的面积和质量，保障畜牧业的发展。采取"管理与运营相分离"的模式，将交通条件、生态环境良好的森林、湿地、草地地区作为旅游休闲区，运营权整体出租给专业化运营公司，提升各类资源资产的复合效益。探索"社会化生态补偿"模式，发行生态彩票等方式实现生态产品价值。

总而言之，呼伦贝尔市是我国优质生态产品的重要供给区之一，要科学谋划生态空间"十四五"产业发展规划，重点着力于特色产业，打造"绿色"林下经济特有品牌，利用好各类产业发展政策，做强本土特色县域林下经济文章，坚持"生态建设产业化、产业发展生态化"发展思路，不断推动本区域更多的特色优势产业发展，不断挖掘和整合现有各类龙头、示范企业引领作用，实现资源保护和开发利用辩证统一。

参考文献

国务院，2015. 全国主体功能区规划 [M]. 北京：人民出版社.

中华人民共和国统计局，城市社会经济调查司，2018. 中国城市统计年鉴 2017 [M]. 北京：中国统计出版社.

中华人民共和国水利部，2020-03-14. 2017 年中国水土保持公报 [R/OL]. http://slqjd.mwr.gov.cn/pdfview/2020-03-14/116.html.

全国人民代表大会常务委员会，2018. 中华人民共和国环境保护税法 [M]. 北京：中国法治出版社.

国家发展和改革委员会能源研究所，2003. 中国可持续发展能源暨碳排放情景分析 [R].

国家环保部，2018. 中国环境统计年报 2017[M]. 北京：中国统计出版社.

国家林业局，2004. 国家森林资源连续清查技术规定 [S]. 北京：中国林业出版社.

国家林业局，2003. 森林生态系统定位观测指标体系（GB/T 35377—2011）[S]. 北京：中国林业出版社.

国家林业局，2005. 森林生态系统定位研究站建设技术要求（LY/T 1626—2005）[S]. 北京：中国林业出版社.

国家林业局，2007. 干旱半干旱区森林生态系统定位监测指标体系（LY/T 1688—2007）. 北京：中国林业出版社.

国家林业局，2007. 暖温带森林生态系统定位观测指标体系（LY/T 1689—2007）. 北京：中国林业出版社.

国家林业局，2008. 国家林业和草原局陆地生态系统定位研究网络中长期发展规划（2008—2020 年）.

国家林业局，2008. 寒温带森林生态系统定位观测指标体系（LY/T 1722—2008）[S]. 北京：中国林业出版社.

国家林业局，2010. 森林生态系统定位研究站数据管理规范（LY/T 1872—2010）[S] 北京：中国林业出版社.

国家林业局，2010. 森林生态站数字化建设技术规范（LY/T 1873—2010）[S]. 北京：中国林业出版社.

国家林业局，2011. 森林生态系统长期定位观测方法（GB/T 33027—2016）[S]. 北京：中国林业出版社.

国家林业局，2017. 湿地生态系统服务功能评估规范（LY/T 2899—2017）[S]. 北京：中国林业出版社.

国家林业局，2017. 中国森林资源报告（2014—2018）[M]. 北京：中国林业出版社.

国家林业局，2016. 天然林资源保护工程东北、内蒙古重点国有林区效益监测国家报告[M]. 北京：中国林业出版社.

国家林业局，2017. 2016 退耕还林工程生态效益监测国家报告[M]. 北京：中国林业出版社.

国家林业局，2016. 2015 退耕还林工程生态效益监测国家报告[M]. 北京：中国林业出版社.

国家林业局，2015. 2014 退耕还林工程生态效益监测国家报告[M]. 北京：中国林业出版社.

国家林业局，2014. 2013 退耕还林工程生态效益监测国家报告[M]. 北京：中国林业出版社.

国家统计局，2017. 中国统计年鉴 2016 [M]. 北京：中国统计出版社.

国家林业和草原局，2020. 森林生态系统服务功能评估规范（GB/T 38582—2020）. 北京：中国林业出版社.

中国森林资源核算及纳入绿色 GDP 研究项目组，2004. 绿色国民经济框架下的中国森林资源核算研究[M]. 北京：中国林业出版社.

中国森林资源核算研究项目组，2015. 生态文明制度构建中的中国森林资源核算研究[M]. 北京：中国林业出版社.

中国生物多样性研究报告编写组，1998. 中国生物多样性国情研究报告[M]. 北京：中国环境科学出版社.

国家发展与改革委员会能源研究所（原：国家计委能源所），1999. 能源基础数据汇编（1999）[G].

中国国家标准化管理委员会，2008. 综合能耗计算通则（GB 2589—2008）[S]. 北京：中国标准出版社.

呼伦贝尔市统计局，2020. 呼伦贝尔市统计年鉴 2020 [M]. 北京：中国统计出版社.

内蒙古自治区环境保护厅，2020. 内蒙古自治区环境状况公报 2020[R].

房瑶瑶，王兵，牛香，2015. 陕西省关中地区主要造林树种大气颗粒物滞纳特征[J]. 生态学杂志，34（6）：1516-1522.

郭慧，2014. 森林生态系统长期定位观测台站布局体系研究[D]. 北京：中国林业科学研究院.

高晓龙，林亦晴，徐卫华，等，2020. 生态产品价值实现研究进展[J]. 生态学报，40（1）：24-33.

李少宁，王兵，郭浩，等，2007. 大岗山森林生态系统服务功能及其价值评估[J]. 中国水土保持科学，5（6）：58-64.

牛香，宋庆丰，王兵，等，2013. 黑龙江省森林生态系统服务功能[J]. 东北林业大学学报，41

(8)：36-41.

牛香，王兵，2012. 基于分布式测算方法的福建省森林生态系统服务功能评估 [J]. 中国水土保持科学，10（2）：36-43.

牛香，2012. 森林生态效益分布式测算及其定量化补偿研究——以广东和辽宁省为例 [D]. 北京：北京林业大学.

孙庆刚，郭菊娥，安尼瓦东·阿木提，2015. 生态产品供求机理一般性分析：兼论生态涵养区"富绿"同步的路径 [J]. 中国人口·资源与环境，25（3）：19-25.

王兵，丁访军，2010. 森林生态系统长期定位观测标准体系构建 [J]. 北京林业大学学报，32（6）：141-145.

王兵，魏江生，胡文，2011. 中国灌木林—经济林—竹林的生态系统服务功能评估 [J]. 生态学报，31（7）：1936-1945.

王兵，2015. 森林生态连清技术体系构建与应用 [J]. 北京林业大学学报，37（1）：1-8.

王兵，任晓旭，胡文，2011. 中国森林生态系统服务功能及其价值评估 [J]. 林业科学，47（2）：145-153.

王兵，丁访军，宋庆丰，等，2012. 森林生态系统长期定位研究标准体系 [M]. 北京：中国林业出版社.

王兵，鲁绍伟，2009. 中国经济林生态系统服务功能价值评估 [J]. 应用生态学报，20（2）：417-425.

王兵，宋庆丰，2012. 森林生态系统物种多样性保育价值评估方法 [J]. 北京林业大学学报，34（2）：157-160.

王兵，丁访军，2010. 森林生态系统长期定位观测标准体系构建 [J]. 北京林业大学学报，32（6）：141-145.

王兵，2015. 森林生态连清技术体系构建与应用 [J]. 北京林业大学学报，37（1）：1-8.

王金南，王志凯，刘桂环，等，2021. 生态产品第四产业理论与发展框架研究 [J]. 中国环境管理，13（04）：5-13.

谢高地，张钇锂，鲁春霞，等，2001. 中国自然草地生态系统服务功能价值 [J]. 自然资源学报，16（1）：47-53.

谢高地，鲁春霞，冷允法，等，2015. 青藏高原生态资产的价值评估 [J]. 自然资源学报，18（2）：189-196.

张维康，2016. 北京市主要树种滞纳空气颗粒物功能研究 [D]. 北京：北京林业大学.

曾贤刚，虞慧怡，谢芳，2014. 生态产品的概念、分类及其市场化供给机制 [J]. 中国人口·资源与环境，24（7）：12-17.

张林波，虞慧怡，郝超志，等，2021. 生态产品概念再定义及其内涵辨析 [J]. 环境科学研究，

34（03）：655-660.

张兴，姚震，2020. 新时代自然资源生态产品价值实现机制 [J]. 中国国土资源经济，33（01）：62-69.

赵同谦，欧阳志云，郑华，等，2004. 草地生态系统服务功能分析及其评价指标体系 [J]. 生态学杂志，23（6）：155-160.

赵同谦，欧阳志云，贾良清，等，2004. 中国草地生态系统服务功能间接价值评价 [J]. 生态学报，24（6）：1101-1110.

张林波，虞慧怡，李岱青，等，2019. 生态产品内涵与其价值实现途径 [J]. 农业机械学报，50（06）：173-183.

虞慧怡，张林波，李岱青，等，2020. 生态产品价值实现的国内外实践经验与启示 [J]. 环境科学研究，3（33）：685-689.

余瑶，李瑞强，2021. 试论资源禀赋条件与居民消费差距的弥合 [J]. 商业经济研究（24）：43-46.

冯朝阳，吕世海，高吉喜，等，2008. 华北山地不同植被类型土壤呼吸特征研究 [J]. 北京林业大学学报，30（2）：20-26.

丁惠萍，张社奇，钱克红，等，2006. 森林生态系统稳定性研究的现状分析 [J]. 西北林学院学报，21（4）：28-30.

宋启亮，董希斌．2014. 大兴安岭不同类型低质林群落稳定性的综合评价 [J]. 林业科学，50（6）：10-17.

张林波，等，2020-05-09. 国内外生态产品价值实现创新实践与模式 [EB/OL]. https://mp.weixin.qq.com/s/3G0NdCSZMa71BwqbqNOuBA.

Ali A A，Xu C，Rogers A，et al，2015. Global-scale environmental control of plant photosynthetic capacity [J]. Ecological Applications，25（8）：2349-2365.

Bellassen V，Viovy N，Luyssaert S，et al，2011. Reconstruction and attribution of the carbon sink of European forests between 1950 and 2000[J]. Global Change Biology，17（11）：3274-3292.

Calzadilla P I，Signorelli S，Escaray F J，et al，2016. Photosynthetic responses mediate the adaptation of two Lotus japonicus ecotypes to low temperature[J]. Plant Science，250：59-68.

Carroll C，Halpin M，Burger P，et al，1997.The effect of crop type, crop rotation, and tillage practice on runoff and soil loss on a Vertisol in central Queensland[J]. Australian Journal of Soil Research，35（4）：925-939.

Costanza R，D Arge R，Groot R.，et al，1997．The Value of the World's ecosystem services and natural capital[J]. Nature，387（15）：253-260.

Daily G C，ed.，1997．Nature's services：Societal dependence on natural ecosystems[M].

Washington DC：Island Press.

Dan Wang, Bing Wang, Xiang Niu, 2013. Forest carbon sequestration in China and its development[J]. China E-Publishing, 4：84-91.

Fang J Y, Chen A P, Peng C H, et al, 2001. Changes in forest biomass carbon storage in China between 1949 and 1998[J]. Science, 292：2320-2322.

Fang JY, Wang G G, Liu G H, et al, 1998. Forest biomass of China：An estimate based on the biomass volume relationship[J]. Ecological Applications, 8(4)：1084-1091.

Feng Ling, Cheng Shengkui, Su Hua, et al, 2008. A theoretical model for assessing the sustainability of ecosystem services[J]. Ecological Economy, 4：258-265.

Gilley J E, Risse L M, 2000. Runoff and soil loss as affected by the application of manure[J]. Transactions of the American Society of Agricultural Engineers, 43(6)：1583-1588.

Gower S T, Mc Murtrie R E, Murty D, 1996. Aboveground net primary production decline with stand age：potential causes[J]. Trends in Ecology and Evolution, 11(9)：378-382.

Hagit Attiya. 分布式计算（2008）[M] 北京：电子工业出版社.

Huang J H, Han X G, 1995. Biodiversity and ecosystem stability[J]. Chinese Biodiversity, 3(1)：31-37.

IPCC, 2003. Good Practice Guidance for Land Use, Land-Use Change and Forestry[R]. The Institute for Global Environmental Strategies (IGES).

IPCC, 2007. Climate Change 2007：The physical scientific basis. The Fourth Assessment Report of Working Group[M]. Cambridge: Cambridge University Press.

IUCN, CEM World Conservation Union Commission on Ecosystem Management, 2006. Biodiversity, Livelihoods[R]. IUCN, Gland, Switzerland.

MA (Millennium Ecosystem Assessment), 2005. Ecosystem and Human Well-Being：Synthesis[M]. Washington DC：Island Press.

Murty D, McMurtrie R E, 2000. The decline of forest productivity as stands age：A model-based method for analysing causes for the decline[J]. Ecological modelling, 134(2)：185-205.

Nikolaev A N, Fedorov P P, Desyatkin A R, 2011. Effect of hydrothermal conditions of permafrost soil on radial growth of larch and pine in Central Yakutia [J]. Contemporary Problems of Ecology, 4(2)：140-149.

Nishizono T, 2010. Effects of thinning level and site productivity on age-related changes in stand volume growth can be explained by a single rescaled growth curve[J]. Forest Ecology and Management, 259(12)：2276-2291.

Niu X, Wang B, 2014. Assessment of forest ecosystem services in China：A methodology [J].

Journal of Food, Agriculture & Environment, 11: 2249-2254.

Niu X, Wang B, Liu S R, 2012. Economical assessment of forest ecosystem services in China: Characteristics and Implications[J]. Ecological Complexity, 11: 1-11.

Niu X, Wang B, Wei W J, 2013. Chinese Forest Ecosystem Research Network: A platform for observing and studying sustainable forestry[J]. Journal of Food, Agriculture & Environment. 11(2): 1008-1016.

Nowak D J, Hirabayashi S, Bodine, A, et al, 2013. Modeled $PM_{2.5}$ removal by trees in ten US citiesand associated health effects[J]. Environmental Pollution, 178: 395-402.

Palmer M A, Morse J, Bernhardt E, et al, 2004. Ecology for a crowed planet[J]. Science, 304: 1251-1252.

Post W M, Emanuel W R, Zinke P J, et al, 1982. Soil carbon pools and world life zones[J]. Nature, 298: 156-159.

Smith N G, Dukes J S, 2013.Plant respiration and photosynthesis in globalscale models: incorporating acclimation to temperature and CO_2 [J]. Global Change Biology, 19(1): 45-63.

Song C, Woodcock C E, 2003. Monitoring forest succession with multitemporal Landsat images: Factors of uncertainty[J]. IEEE Transactions on Geoscience and Remote Sensing, 41(11): 2557-2567.

Song Qingfeng, Wang Bing, Wang Jinsong, et al, 2016. Endangered and endemic species increase forest conservation values of species diversity based on the Shannon-Wiener index[J]. iForest Biogeosciences and Forestry, doi: 10. 3832/ifor1373-008.

Sutherland W J, Armstrong-Brown S, Armsworth P R, et al, 2006. The identification of 100 ecological questions of high policy relevance in the UK[J]. Journal of Applied Ecology, 43: 617-627.

Tekiehaimanot Z, 1991.Rainfall interception and boundary conductance in relation to trees pacing[J]. Jhydrol, 123: 261-278.

Wang B, Ren X X, Hu W, 2011.Assessment of forest ecosystem services value in China[J]. Scientia Silvae Sinicae, 47(2): 145-153.

Wang B, Wang D, Niu X, 2013a. Past, present and future forest resources in China and the implications for carbon sequestration dynamics[J]. Journal of Food, Agriculture & Environment, 11(1): 801-806.

Wang B, Wei W J, Liu C J, et al, 2013b. Biomass and carbon stock in Moso Bamboo forests in subtropical China: Characteristics and Implications[J]. Journal of Tropical Forest Science, 25(1): 137-148.

Wang B, Wei W J, Xing Z K, et al, 2012. Biomass carbon pools of Cunninghamia lanceolata (Lamb.) Hook. Forests in subtropical China: Characteristics and potential[J]. Scandinavian Journal of Forest Research: 1-16.

Wang R, Sun Q, Wang Y, et al, 2017.Temperature sensitivity of soil respiration: Synthetic effects of nitrogen and phosphorus fertilization on Chinese Loess Plateau [J]. Science of The Total Environment, 574: 1665-1673.

Wenzhong You, Wenjun Wei, Huidong Zhang, 2012. Temporal patterns of soil CO_2 efflux in a temperate Korean Larch (*Larix olgensis* Herry.) plantation, Northeast China[J]. Trees, DOI10.1007/s00468-013-0889-6

Woodall C W, Morin R S, Steinman J R, et al, 2010. Comparing evaluations of forest health based on aerial surveys and field inventories: Oak forests in the Northern United States[J]. Ecological Indicators, 10 (3): 713-718

Xue P P, Wang B, Niu X, 2013. A simplified method for assessing forest health, with application to Chinese fir plantations in Dagang Mountain, Jiangxi, China[J]. Journal of Food, Agriculture & Environment, 11 (2): 1232-1238.

Zhang B, Wenhua L, Gaodi X, et al, 2010. Water conservation of forest ecosystem in Beijing and its value[J]. Ecological Economics, 69 (7): 1416-1426.

Zhang W K, Wang B, Niu X, 2015.Study on the adsorption capacities for airborne particulates of landscape plants in different polluted regions in Beijing (China) [J]. International Journal of Environmental Research and Public Health, 12 (8): 9623-9638.

Richards K R, Stokes C, 2004. A review of forest carbon sequestration cost studies: A dozen years of research[J]. Climatic Change, 63 (1-2): 1-48.

附　表

表1　环境保护税税目税额

税目		计税单位	税额	备注
大气污染物		每污染当量	1.2～12元	
水污染物		每污染当量	1.4～14元	
固体废物	煤矸石	每吨	5元	
	尾矿	每吨	15元	
	危险废物	每吨	1000元	
	冶炼渣、粉煤灰、炉渣、其他固体废物（含半固态、液态废物）	每吨	25元	
噪声	工业噪声	超标1～3分贝	每月350元	1.一个单位边界上有多处噪声超标，根据最高一处超标声级计算应纳税额；当沿边界长度超过100米有两处以上噪声超标，按照两个单位计算应纳税额； 2.一个单位有不同地点作业场所的，应当分别计算应纳税额，合并计征； 3.昼、夜均超标的环境噪声，昼、夜分别计算应纳税额，累计计征； 4.声源一个月内超标不足15天的，减半计算应纳税额； 5.夜间频繁突发和夜间偶然突发厂界超标噪声，按等效声级和峰值噪声两种指标中超标分贝值高的一项计算应纳税额
		超标4～6分贝	每月700元	
		超标7～9分贝	每月1400元	
		超标10～12分贝	每月2800元	
		超标13～15分贝	每月5600元	
		超标16分贝以上	每月11200元	

表2 应税污染物和当量值

一、第一类水污染物污染当量值

污染物	污染当量值(千克)
1.总汞	0.0005
2.总镉	0.005
3.总铬	0.04
4.六价铬	0.02
5.总砷	0.02
6.总铅	0.025
7.总镍	0.025
8.苯并(A)芘	0.0000003
9.总铍	0.01
10.总银	0.02

二、第二类水污染物污染当量值

污染物	污染当量值(千克)	备注
11.悬浮物(SS)	4	
12.生化需氧量(BOD_5)	0.5	同一排放口中的化学需氧量、生化需氧量和总有机碳,只征收一项。
13.化学需氧量(CODCR)	1	
14.总有机碳(TOC)	0.49	
15.石油类	0.1	
16.动植物油	0.16	
17.挥发酚	0.08	
18.总氰化物	0.05	
19.硫化物	0.125	
20.氨氮	0.8	
21.氟化物	0.5	
22.甲醛	0.125	
23.苯胺类	0.2	
24.硝基苯类	0.2	
25.阴离子表面活性剂(LAS)	0.2	
26.总铜	0.1	
27.总 锌	0.2	

(续)

污染物	污染当量值（千克）	备注
28. 总锰	0.2	
29. 彩色显影剂（CD-2）	0.2	
30. 总磷	0.25	
31. 单质磷（以P计）	0.05	
32. 有机磷农药（以P计）	0.05	
33. 乐果	0.05	
34. 甲基对硫磷	0.05	
35. 马拉硫磷	0.05	
36. 对硫磷	0.05	
37. 五氯酚及五酚钠（以五氯酚计）	0.25	
38. 三氯甲烷	0.04	
39. 可吸附有机卤化物（AOX）（以CL计）	0.25	
40. 四氯化碳	0.04	
41. 三氯乙烯	0.04	
42. 四氯乙烯	0.04	
43. 苯	0.02	
44. 甲苯	0.02	
45. 乙苯	0.02	
46. 邻-二甲苯	0.02	
47. 对-二甲苯	0.02	
48. 间-二甲苯	0.02	
49. 氯苯	0.02	
50. 邻二氯苯	0.02	
51. 对二氯苯	0.02	
52. 对硝基氯苯	0.02	
53. 2，4-二硝基氯苯	0.02	
54. 苯酚	0.02	
55. 间-甲酚	0.02	
56. 2，4-二氯酚	0.02	
57. 2，4，6-三氯酚	0.02	
58. 邻苯二甲酸二丁酯	0.02	
59. 邻苯二甲酸二辛酯	0.02	
60. 丙烯氰	0.125	
61. 总硒	0.02	

(续)

三、pH 值、色度、大肠菌群数、余氯量水污染物污染当量值

污染物		污染当量值	备注
1. pH值	1.0～1，13～14	0.06吨污水	pH值5～6指大于等于5，小于6；pH值9～10指大于9，小于等于10，其余类推
	2.1～2，12～13	0.125吨污水	
	3.2～3，11～12	0.25吨污水	
	4.3～4，10～11	0.5吨污水	
	5.4～5，9～10	1吨污水	
	6.5～6	5吨污水	
2. 色度		5吨水·倍	
3. 大肠菌群数（超标）		3.3吨污水	大肠菌群数和余氯量只征收一项
4. 余氯量（用氯消毒的医院废水）		3.3吨污水	

四、禽畜养殖业、小型企业和第三产业水污染物污染当量值

类型		污染当量值	备注
禽畜养殖场	1. 牛	0.1头	仅对存栏规模大于50头牛、500头猪、5000羽鸡鸭等的禽畜养殖场征收
	2. 猪	1头	
	3. 鸡、鸭等家禽	30羽	
4. 小型企业		1.8吨污水	
5. 饮食娱乐服务业		0.5吨污水	
6. 医院	消毒	0.14床	医院病床数大于20张的按照本表计算污染当里数
		2.8吨污水	
	不消毒	0.07床	
		1.4吨污水	

注：本表仅适用于计算无法进行实际监测或者物料衡算的禽畜养殖业、小型企业和第三产业等小型排污者的水污染物污染当量数。

五、大气污染物污染当量值

污染物	污染当量值（千克）
1. 二氧化硫	0.95
2. 氮氧化物	0.95
3. 一氧化碳	16.7
4. 氯气	0.34
5. 氯化氢	10.75
6. 氟化物	0.87
7. 氰化物	0.005
8. 硫酸雾	0.6
9. 铬酸雾	0.0007
10. 汞及其化合物	0.0001

（续）

污染物	污染当量值（千克）
11. 一般性粉尘	4
12. 石棉尘	0.53
13. 玻璃棉尘	2.13
14. 碳黑尘	0.59
15. 铅及其化合物	0.02
16. 镉及其化合物	0.03
17. 铍及其化合物	0.0004
18. 镍及其化合物	0.13
19. 锡及其化合物	0.17
20. 烟尘	2.18
21. 苯	0.05
22. 甲苯	0.18
23. 二甲苯	0.27
24. 苯并（A）芘	0.000002
25. 甲醛	0.09
26. 乙醛	0.45
27. 丙烯醛	0.06
28. 甲醇	0.67
29. 酚类	0.35
30. 沥青烟	0.19
31. 苯胺类	0.21
32. 氯苯类	0.72
33. 硝基苯	0.17
34. 丙烯腈	0.22
35. 氯乙烯	0.55
36. 光气	0.04
37. 硫化氢	0.29
38. 氨	9.09
39. 三甲胺	0.32
40. 甲硫醇	0.04
41. 甲硫醚	0.28
42. 二甲二硫	0.28
43. 苯乙烯	25
44. 二硫化碳	20

表3 IPCC推荐使用的生物量转换因子（BEF）

编号	a	b	森林类型	R^2	备注
1	0.46	47.50	冷杉、云杉	0.98	针叶树种
2	1.07	10.24	桦类	0.70	阔叶树种
3	0.48	30.60	杨树	0.87	阔叶树种
4	0.40	22.54	杉木	0.95	针叶树种
5	0.61	46.15	柏木	0.96	针叶树种
6	1.15	8.55	蒙古栎	0.98	阔叶树种
7	0.51	1.05	马尾松、云南松	0.92	针叶树种
8	0.61	33.81	兴安落叶松	0.82	针叶树种
9	1.04	8.06	樟木、楠木、槠、青冈	0.89	阔叶树种
10	0.81	18.47	针阔混交林	0.99	混交树种
11	0.63	91.00	檫树落叶阔叶混交林	0.86	混交树种
12	1.09	2.00	樟子松	0.98	针叶树种
13	0.59	18.74	华山松	0.91	针叶树种
14	0.52	18.22	红松	0.90	针叶树种

注：资料来源：引自(Fang 等，2001)；生物量转换因子计算公式为：$B=aV+b$，其中 B 为单位面积生物量，V 为单位面积蓄积量，a、b 为常数；表中 R^2 为相关系数。

表4 不同树种组单木生物量模型及参数

序号	公式	树种组	建模样本数	模型参数 a	模型参数 b
1	$B/V=a(D^2H)^b$	杉木类	50	0.788432	−0.069959
2	$B/V=a(D^2H)^b$	硬阔叶类	51	0.834279	−0.017832
3	$B/V=a(D^2H)^b$	软阔叶类	29	0.471235	0.018332
4	$B/V=a(D^2H)^b$	红松	23	0.390374	0.017299
5	$B/V=a(D^2H)^b$	云冷杉	51	0.844234	−0.060296
6	$B/V=a(D^2H)^b$	兴安落叶松	99	1.121615	−0.087122
7	$B/V=a(D^2H)^b$	胡桃楸、黄波罗	42	0.920996	−0.064294

注：资料来源：引自（李海奎和雷渊才，2010）。

附 件

"'绿水青山就是金山银山'是增值的"（节选）

时间：3月5日

日程：习近平总书记参加内蒙古代表团审议

……

周义哲代表，来自内蒙古大兴安岭的林场，曾是一个在深山老林里砍了30多年木头的伐木工。这几年，他的身份变了，从砍树到护林，从拿锯斧到扛锹镐。他在发言中向总书记讲述了新的"森林交响曲"：

"经常有狍子、棕熊'光顾'林场和管护站。据测算，2018年我们这里的森林与湿地生态系统服务功能总价值6159.74亿元，绿水青山就是金山银山有了一本明白账。"

春意浓，山川披绿。听闻老周津津乐道的"绿色林海"，习近平总书记颔首赞许，他笑着说：

"你提到的这个生态总价值，就是绿色GDP的概念，说明生态本身就是价值。这里面不仅有林木本身的价值，还有绿肺效应，更能带来旅游、林下经济等。'绿水青山就是金山银山'，这实际上是增值的。"

一群人、一份职业的改变，折射了时代的壮阔变迁。习近平总书记感叹："从'砍树人'到'看树人'，你的这个身份转变，正是我们国家产业结构转变的一个缩影。"

老周感同身受。在那片林海雪原，目之所及，一切都在改变。山川变绿了，水草变多了，人们的理念也变了。大家对"新发展理念"这个热词，有着鲜活生动的观感。

"新发展理念是一个整体，必须完整、准确、全面理解和贯彻，着力服务和融入新发展格局。"放眼中国，科学研判"时"与"势"，辩证把握"危"与"机"，习近平总书记娓娓道来："要注意扬长避短、培优增效，全力以赴把结构调过来、功能转过来、质量提上来。这是一个目标，实现这个目标要做很多工作。"

时间在量变中累积质变。

（摘自：《人民日报》第01版，2021年3月6日）

中国森林生态系统服务评估及其价值化实现路径设计

王兵　牛香　宋庆丰

习近平总书记在《关于〈中共中央关于全面深化改革若干重大问题的决定〉的说明》中提到山水林田湖是一个生命共同体，人的命脉在田，田的命脉在水，水的命脉在山，山的命脉在土，土的命脉在树。由此可以看出，森林高居山水林田湖生命共同体的顶端，在2500年前的《贝叶经》中也把森林放在了人类生存环境的最高位置，即：有林才有水，有水才有田，有田才有粮，有粮才有人。森林生态系统是维护地球生态平衡最主要的一个生态系统，在物质循环、能量流动和信息传递方面起到了至关重要的作用。特别是森林生态系统服务发挥的"绿色水库""绿色碳库""净化环境氧吧库"和"生物多样性基因库"四个生态库功能，为经济社会的健康发展尤其是人类福祉的普惠提升提供了生态产品保障。目前，如何核算森林生态功能与其服务的转化率以及价值化实现，并为其生态产品设计出科学可行的实现路径，正是当今研究的重点和热点。本文将基于大量的森林生态系统服务评估实践，开展价值化实现路径设计研究，为"绿水青山"向"金山银山"转化提供可复制、可推广的范式。

森林生态系统服务评估技术体系

利用森林生态系统连续观测与清查体系（以下简称"森林生态连清体系"，图1），基于以国家标准为主体的森林生态系统服务监测评估标准体系，获取森林资源数据和森林生态连清数据，再辅以社会公共数据进行多数据源耦合，按照分布式测算方法，开展森林生态系统服务评估。

一、森林生态连清技术体系

森林生态连清体系是以生态地理区划为单位，以国家现有森林生态站为依托，采用长期定位观测技术和分布式测算方法，定期对同一森林生态系统进行重复的全指标体系观测与清查的技术。它可以配合国家森林资源连续清查（以下简称"森林资源连清"），形成国家森林资源清查综合调查新体系，用以评价一定时期内森林生态系统的质量状况。森林生态连清体系将森林资源清查、生态参数观测调查、指标体系和价值评估方法集于一套框架中，即通过合理布局来制定实现评估区域森林生态系统特征的代表性，又通过标准体系来规范观测、分析、测算评估等各阶段工作。这一套体系是在耦合森林资源数据、生态连清数据和社会经济价格数据的基础上，在统一规范的框架下完成对森林生态系统服务功能的评估。

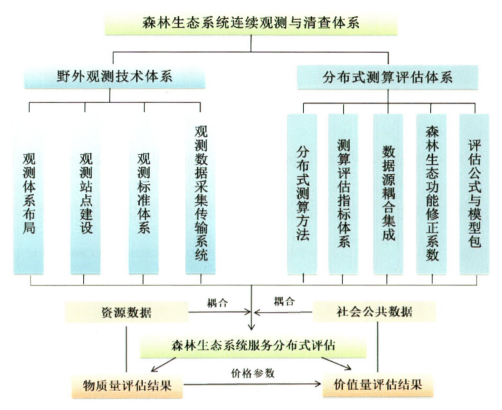

图1　森林生态系统服务连续观测与清查体系框架

二、评估数据源的耦合集成

第一，森林资源连清数据。依据《森林资源连续清查技术规程》（GB/T 38590—2020），从森林资源自身生长、分布规律和特点出发，结合我国国情、林情和森林资源管理特点，采用抽样调查技术和以"3S"技术为核心的现代信息技术，以省份为控制总体，通过固定样地设置和定期实测的方法，以及国家林业和草原局对不同省份具体时间安排，定期对森林资源调查所涉及的所有指标进行清查。目前，全国已经开展了9次全国森林资源清查。

第二，森林生态连清数据。依据《森林生态系统长期定位观测指标体系》（GB/T 35377—2017）和《森林生态系统长期定位观测方法》（GB/T 33027—2016），来自全国森林生态站、辅助观测点和大量固定样地的长期监测数据。森林生态站监测网络布局是以典型抽样为指导思想，以全国水热分布和森林立地情况为布局基础，辅以重点生态功能区和生物多样性优先保护区，选择具有典型性、代表性和层次性明显的区域完成森林生态网络布局。

第三，社会公共数据。社会公共数据来源于我国权威机构所公布的社会公共数据，包括《中国水利年鉴》、《中华人民共和国水利部水利建筑工程预算定额》、中国农业信息网（http：//www.agri.gov.cn/）以及《中华人民共和国环境保护税法》中的"环境保护税税目税额表"。

三、标准体系

由于森林生态系统长期定位观测涉及不同气候带、不同区域，范围广、类型多、领域多、影响因素复杂，这就要求在构建森林生态系统长期定位观测标准体系时，应综合考虑各方面因素，紧扣林业生产的最新需求和科研进展，既要符合当前森林生态系统长期定位观测研究需求，又要具有良好的扩充和发展的弹性。通过长期定位观测研究经验的积累，并借鉴国内外先进的野外观测理念，构建了包括三项国家标准（GB/T 33027—2016、GB/T 35377—2017 和 GB/T 38582—2020）在内的森林生态系统长期定位观测标准体系（图2），涵盖观测站建设、观测指标、观测方法、数据管理、数据应用等方面，确保了各生态站所提供生态观测数据的准确性和可比性，提升了生态观测网络标准化建设和联网观测研究能力。

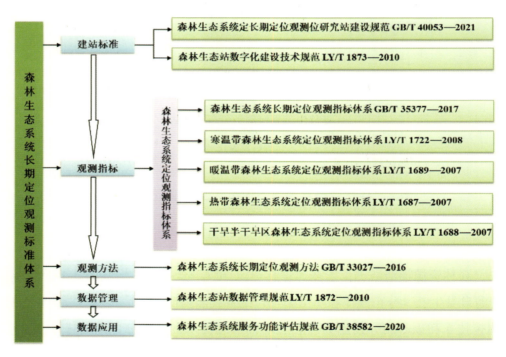

图2　森林生态系统长期定位观测标准体系

四、分布式测算方法

森林生态系统服务评估是一项非常庞大、复杂的系统工程，很适合划分成多个均质化的生态测算单元开展评估。因此，分布式测算方法是目前评估森林生态系统服务所采用的一种较为科学有效的方法，通过诸多森林生态系统服务功能评估案例也证实了分布式测算方法能够保证结果的准确性及可靠性。

分布式测算方法的具体思路如下：第一，将全国（香港、澳门、台湾除外）按照省级行政区划分为第 1 级测算单元；第二，在每个第 1 级测算单元中按照林分类型划分成第 2 级测算单元；第三，在每个第 2 级测算单元中，再按照起源分为天然林和人工林第 3 级测算单元；第四，在每个第 3 级测算单元中，再按照林龄组划分为幼龄林、中龄林、近熟林、成熟林、过熟林第 4 级测算单元，结合不同立地条件的对比观测，最终确定若干个相对均质化的森林生态连清数据汇总单元。

基于生态系统尺度的定位实测数据，运用遥感反演、模型模拟（如 IBIS—集成生物圈模型）等技术手段，进行由点到面的数据尺度转换。将点上实测数据转换至面上测算数据，即可得到森林生态连清汇总单元的测算数据，将以上均质化的单元数据累加的结果即为汇总结果。

多尺度多目标森林生态系统服务评估实践

一、全国尺度森林生态系统服务评估实践

在全国尺度上，以全国历次森林资源清查数据和森林生态连清数据（森林生态站、生态效益监测点以及 1 万余个固定样地的长期监测数据）为基础，利用分布式测算方法，开展了全国森林生态系统服务评估。其中，2009 年 11 月 17 日，基于第七次全国森林资源清查数据的森林生态系统服务评估结果公布，全国生态服务功能价值量为 10.01 万亿元 / 年；2014 年 10 月 22 日，国家林业局和国家统计局联合公布了第二期（第八次森林资源清查数据）全国森林生态系统服务评估总价值量为 12.68 万亿元 / 年；最新一期（第九次森林资源清查）全国森林生态系统服务评估总价值量为 15.88 万亿元 / 年。《中国森林资源及其生态功能四十年监测与评估》研究结果表明：近 40 年间，我国森林生态功能显著增强，其中，固碳量、释氧量和吸收污染气体量实现了倍增，其他各项功能增长幅度也均在 70% 以上。

二、省域尺度森林生态系统服务评估实践

在全国选择省级行政区及代表性地市、林区等 60 个区域开展森林生态系统服务评估实践，评估结果以"中国森林生态系统连续观测与清查及绿色核算"系列丛书的形式向社会公布。该丛书包括了我国省级及以下尺度的森林生态连清及价值评估的重要成果，展示了森林生态连清在我国的发展过程及其应用案例，加快了森林生态连清的推广和普及，使人们更加深入地了解森林生态连清体系在当代生态文明中的重要作用，并把"绿水青山价值多少金山银山"这本账算得清清楚楚。

在省级尺度上，如系列丛书安徽卷研究结果显示，安徽省森林生态系统服务总价值为 4804.79 亿元 / 年，相当于 2014 年安徽省 GDP（20848.75 亿元）的 23.05%，每公顷森林提供的价值平均为 9.60 万元 / 年。代表性地市尺度上，如在呼伦贝尔国际绿色发展大会上公布的 2014 年呼伦贝尔市森林生态系统服务功能总价值量为 6870.46 亿元，相当于该市当年 GDP 的 4.51 倍。

三、林业生态工程监测评估国家报告

基于森林生态连清体系，开展了我国林业重大生态工程生态效益的监测评估工作，包括退耕还林（草）工程和天然林资源保护工程。退耕还林（草）工程共开展了 5 期监测评估工作，分别针对退耕还林 6 个重点监测省份、长江和黄河流域中上游退耕还林工程、北方沙化土地的退耕还林工程、退耕还林工程全国实施范围、集中连片特困地区退耕还林工程开展了工程生态效益、社会效益和经济效益的耦合评估。针对天然林资源保护工程，分别在东北、内蒙古重点国有林区和黄河流域上中游地区开展了 2 期天然林资源保护工程效益监测评估工作。

森林生态系统服务价值化实现路径设计

生态产品价值实现的实质就是将生态产品的使用价值转化为交换价值的过程。张林波等在国内外生态文明建设实践调研的基础上，从生态产品使用价值的交换主体、交换载体、交换机制等角度，归纳形成 8 大类和 22 小类生态产品价值实现的实践模式或路径。结合森林生态系统服务评估实践，我们将 9 项功能类别与 8 大类实现路径建立了功能与服务转化率高低和价值化实现路径可行性的大小关系（图 3）。生态系统服务价值化实现路径可分为就地实现和迁地实现。就地实现为在生态系统服务产生区域内完成价值化实现，例如，固碳释氧、净化大气环境等生态功能价值化实现；迁地实现为在生态系统服务产生区域之外完成价值化实现，例如，大江大河上游森林生态系统涵养水源功能的价值化实现需要在中、下中游予以体现。基于建立的功能与服务转化率高低和价值化实现路径可行性的大小关系，以具体研究案例进行生态系统服务价值化实现路径设计，具体研究内容如下：

一、森林生态效益精准量化补偿实现路径

森林生态效益科学量化补偿是基于人类发展指数的多功能定量化补偿，结合了森林生态系统服务和人类福祉的其他相关关系，并符合不同行政单元财政支付能力的一种给予森林生态系统服务提供者的奖励。探索开展生态产品价值计量，推动横向生态补偿逐步由单一生态要素向多生态要素转变，丰富生态补偿方式，加快探索"绿水青山就是金山银山"的多种现实转化路径。

例如，内蒙古大兴安岭林区森林生态系统服务功能评估，利用人类发展指数，从森林生态效益多功能定量化补偿方面进行了研究，计算得出森林生态效益定量化补偿系数、财政相对能力补偿指数、补偿总量及补偿额度。结果表明：森林生态效益多功能生态效益补偿额度为 232.80 元／（公顷·年），为政策性补偿额度（平均每年每公顷 75 元）的 3 倍。由于不同优势树种（组）的生态系统服务存在差异，在生态效益补偿上也应体现出差别，经计算得出：主要优势树种（组）生态效益补偿分配系数介于 0.07%～46.10%，补偿额度最高的为枫桦 303.53 元／公顷，其次为其他硬阔类 299.94 元／公顷。

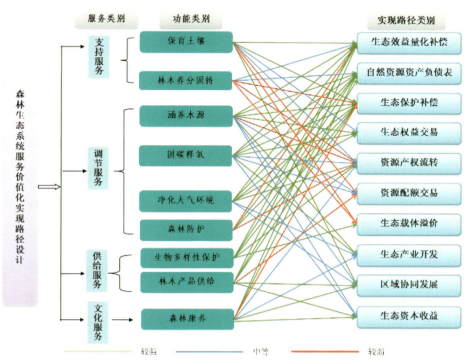

图 3　森林生态系统服务价值化实现路径设计

二、自然资源资产负债表编制实现路径

目前，我国正大力推进的自然资源资产负债表编制工作，是政府对资源节约利用和生态环境保护的重要决策。根据国内外研究成果，自然资源资产负债表包括3个账户，分别为一般资产账户、森林资源资产账户和森林生态系统服务账户。

例如，内蒙古自治区在探索编制负债表的进程中，先行先试，率先突破，探索出了编制森林资源资产负债表的可贵路径，使国家建立这项制度、科学评价领导干部任期内的生态政绩和问责成为了可能。内蒙古自治区为客观反映森林资源资产的变化，编制负债表时以翁牛特旗高家梁乡、桥头镇和亿合公镇3个林场为试点创新性地分别设立了3个账户，即一般资产账户、森林资源资产账户和森林生态系统服务账户，还创新了财务管理系统管理森林资源，使资产、负债和所有者权益的恒等关系一目了然。3个林场的自然资源价值量分别为：5.4亿元、4.9亿元和4.3亿元，其中，3个试点林场生态服务服务总价值为11.2亿元，林地和林木的总价值为3.4亿元。

三、退耕还林工程生态环境保护补偿与生态载体溢价价值化实现路径

退耕还林工程就是从保护生态环境出发，将水土流失严重的耕地，沙化、盐碱化、石漠化严重的耕地以及粮食产量低而不稳的耕地，有计划、有步骤地停止耕种，因地制宜地造林种草，恢复植被。集中连片特困区的退耕还林工程既是生态修复的"主战场"，也是国家扶贫攻坚的"主战场"。退耕还林作为"生态扶贫"的重要内容和林业扶贫"四个精准"举

措之一,在全面打赢脱贫攻坚战中承担了重要职责,发挥了重要作用。经评估得出:退耕还林工程在集中连片特困区产生了明显的社会效益和经济效益。

1. 退耕还林工程生态保护补偿价值化实现路径

生态保护补偿狭义上是指政府或相关组织机构从社会公共利益出发向生产供给公共性生态产品的区域或生态资源产权人支付的生态保护劳动价值或限制发展机会成本的行为,是公共性生态产品最基本、最基础的经济价值实现手段。

退耕还林工程实施以来,退耕农户从政策补助中户均直接收益9800多元,占退耕农民人均纯收入的10%,宁夏一些县级行政区甚至达45%以上。截至2017年年底,集中连片特困地区的341个被监测县级行政区共有1108.31万个农户家庭参与了退耕还林工程,占这些地方农户总数的30.54%,农户参与数分别为1998年和2007年的369倍和2.50倍,所占比重分别比1998年和2007年上升了23.32个百分点和14.42个百分点。黄河流域的六盘山区和吕梁山区属于集中连片特困地区,参与退耕还林工程的农户数分别为16.69万户和31.50万户,参与率分别为20.92%和38.16%。通过政策性补助的方式,提升了参与农户的收入水平。

2. 退耕还林工程生态产品溢价价值化实现路径

一是以林脱贫的长效机制开始建立。新一轮退耕还林工程不限定生态林和经济林比例,农户根据自己意愿选择树种,这有利于实现生态建设与产业建设协调发展,生态扶贫和精准扶贫齐头并进,以增绿促增收,奠定了农民以林脱贫的资源基础。据监测结果显示,样本户的退耕林木有六成以上已成林,且90%以上长势良好,三成以上的农户退耕地上有收入。甘肃省康县平洛镇瓦舍村是建档立卡贫困村,2005年通过退耕还林种植530亩核桃,现在每株可挂果8千克,每亩收入可达2000元(合每公顷收入6万元),贫困户人均增收2200元。

二是实现了绿岗就业。退耕还林实现了农民以林就业,2017年样本县农民在退耕林地上的林业就业率为8.01%,比2013年增加了2.26个百分点。自2016年开始,中央财政安排20亿元购买生态服务,聘用建档立卡贫困群众为生态护林员。一些地方政府把退耕还林工程与生态护林员政策相结合,通过购买劳务的方式,将一批符合条件的贫困退耕人口转化为生态护林员,并积极开发公益岗位,促进退耕农民就业。

三是培育了地区新的经济增长点。第一,林下经济快速发展。2017年,集中连片特困地区监测县在退耕地上发展的林下种植和林下养殖产值分别达到434.3亿元和690.1亿元,分别比2007年增加了3.37倍和5.36倍。宁夏回族自治区彭阳县借助退耕还林工程建设,大力发展养殖林下生态鸡,探索出"合作社+农户+基地"的模式,建立产销一条龙的机制,直接经济收入达到了4000万元。第二,中药材和干鲜果品发展成绩突出。2017年,集中连片特困地区监测县在退耕地上种植的中药材和干鲜果品的产量分别为34.4万吨和225.2万吨,与2007年相比,在退耕地上发展的中药材增长了5.97倍,干鲜果品增长了5.54倍。第三,森林旅游迅猛发展。2017年集中连片特困地区监测县的森林旅游人次达到了4.8亿人次,收人达到了 3471 亿元，是 2007 年的 4 倍、1998 年的 54 倍。

四、绿色水库功能区域协同发展价值化实现路径

区域协同发展是指公共性生态产品的受益区域与供给区域之间通过经济、社会或科技等方面合作实现生态产品价值的模式，是有效实现重点生态功能区主体功能定位的重要模式，是发挥中国特色社会主义制度优势的发力点。

潮白河发源于河北省承德市丰宁县和张家口市沽源县，经密云水库的泄水分两股进入潮白河系，一股供天津生活用水；一股流入北京市区，是北京重要水源之一。根据《北京市水资源公报（2015）》，北京市 2015 年对潮白河的截流量为 2.21 亿立方米，占北京当年用水量（38.2 亿立方米）的 5.79%。同年，张承地区潮白河流域森林涵养水源的"绿色水库功能"为 5.28 亿立方米，北京市实际利用潮白河流域森林涵养水源量占其"绿色水库功能"的 41.83%。

滦河发源地位于燕山山脉的西北部，向西北流经沽源县，经内蒙古自治区正蓝旗转向东南又进入河北省丰宁县。河流蜿蜒于峡谷之间，至潘家口越长城，经罗家屯龟口峡谷入冀东平原，最终注入渤海。根据《天津市水资源公报（2015）》，2015 年，天津市引滦调水量为 4.51 亿立方米，占天津市当年用水量（23.37 亿立方米）的 19.30%。同年，张承地区滦河流域森林涵养水源的"绿色水库功能"为 25.31 亿立方米／年，则天津市引滦调水量占其滦河流域森林"绿色水库功能"的 17.82%。

作为京津地区的生态屏障，张承地区森林生态系统对京津地区水资源安全起到了非常重要的作用。森林涵养的水源通过潮白河、滦河等河流进入京津地区，缓解了京津地区水资源压力。京津地区作为水资源生态产品的下游受益区，应该在下游受益区建立京津—张承协作共建产业园，这种异地协同发展模式不仅保障了上游水资源生态产品的持续供给，同时为上游地区提供了资金和财政收入，有效地减少了上游地区土地开发强度和人口规模，实现了上游重点生态功能区定位。

五、净化水质功能资源产权流转价值化实现路径

资源产权流转模式是指具有明确产权的生态资源通过所有权、使用权、经营权、收益权等产权流转实现生态产品价值增值的过程，实现价值的生态产品既可以是公共性生态产品，也可以是经营性生态产品。

在全面停止天然林商业性采伐后，吉林省长白山森工集团面临着巨大的转型压力，但其森林生态系统服务是巨大的，尤其是在净化水质方面，其优质的水资源已经被人们所关注。森工集团天然林涵养水源量为 48.75 亿立方米／年，这部分水资源大部分会以地表径流的方式流出森林生态系统，其余的以入渗的方式补给了地下水，之后再以泉水的方式涌出地表，成为优质的水资源。农夫山泉在全国有 7 个水源地，其中之一便位于吉林长白山。吉林长白山森工集团有自有的矿泉水品牌——泉阳泉，水源也全部来自于长白山。

根据"农夫山泉吉林长白山有限公司年产99.88万吨饮用天然水生产线扩建项目"环评报告（2015年12月），该地扩建之前年生产饮用矿泉水80.12万吨，扩建之后将会达到99.88万吨/年，按照市场上最为常见的农夫山泉瓶装水（550毫升）的销售价格（1.5元），将会产生27.24亿元/年的产值。"吉林森工集团泉阳泉饮品有限公司"官方网站数据显示，其年生产饮用矿泉水量为200万吨，按照市场上最为常见的泉阳泉瓶装水（600毫升）的销售价格（1.5元），年产值将会达到50.00亿元。由于这些产品绝大部分是在长白山地区以外实现的价值，则其价值化实现路径属于迁地实现。

农夫山泉和泉阳泉年均灌装矿泉水量为299.88万吨，仅占长白山林区多年平均地下水天然补给量的0.41%，经济效益就达到了81.79亿元/年。这种以资源产权流转模式的价值化实现路径，能够进一步推进森林资源的优化管理，也利于生态保护目标的实现。

六、绿色碳库功能生态权益交易价值化实现路径

森林生态系统是通过植被的光合作用，吸收空气中的二氧化碳，进而开始了一系列生物学过程，释放氧气的同时，还产生了大量的负氧离子、菇烯类物质和芬多精等，提升了森林空气环境质量。生态权益交易是指生产消费关系较为明确的生态系统服务权益、污染排放权益和资源开发权益的产权人和受益人之间直接通过一定程度的市场化机制实现生态产品价值的模式，是公共性生态产品在满足特定条件成为生态商品后直接通过市场化机制方式实现价值的唯一模式，是相对完善成熟的公共性生态产品直接市场交易机制，相当于传统的环境权益交易和国外生态系统服务付费实践的合集。

森林生态系统通过"绿色碳汇"功能吸收固定空气中的二氧化碳，起到了弹性减排的作用，减轻了工业减排的压力。通过测算可知广西壮族自治区森林生态系统固定二氧化碳量为1.79亿吨/年，但其同期工业二氧化碳排放量为1.55亿吨，所以，广西壮族自治区工业排放的二氧化碳完全可以被森林所吸收，其生态系统服务转化率达到了100%，实现了二氧化碳零排放，固碳功能价值化实现路径则为完成了就地实现路径，功能与服务转化率达到了100%。而其他多余的森林碳汇量则为华南地区的周边地区提供了碳汇功能，比如广东省。这样，两省（自治区）之间就可以实现优势互补。因此，广西壮族自治区森林在华南地区起到了绿色碳库的作用。广西壮族自治区政府可以采用生态权益交易中污染排放权益模式，将森林生态系统"绿色碳库"功能以碳封存的方式放到市场上交易，用于企业的碳排放权购买。利用工业手段捕集二氧化碳过程成本200~300元/吨，那么广西壮族自治区森林生态系统"绿色碳库"功能价值量将达到358亿~537亿元/年。

七、森林康养功能生态产业开发价值化实现路径

生态产业开发是经营性生态产品通过市场机制实现交换价值的模式，是生态资源作为生产要素投入经济生产活动的生态产业化过程，是市场化程度最高的生态产品价值实现方式。生态产业开发的关键是如何认识和发现生态资源的独特经济价值，如何开发经营品牌提

高产品的"生态"溢价率和附加值。

"森林康养"是利用特定森林环境、生态资源及产品，配备相应的养生休闲及医疗、康体服务设施，开展以修身养心、调适机能、延缓衰老为目的的森林游憩、度假、疗养、保健、休闲、养老等活动的统称。

从森林生态系统长期定位研究的视角切入，与生态康养相融合开展的五大连池森林氧吧监测与生态康养研究，依照景点位置、植被典型性、生态环境质量等因素，将五大连池风景区划分为5个一级生态康养功能区划，分别为氧吧—泉水—地磁生态康养功能区、氧吧—泉水生态康养功能区、氧吧—地磁生态康养功能区、氧吧生态康养功能区和生态休闲区。其中，氧吧—泉水—地磁生态康养功能区和氧吧—地磁生态康养功能区所占面积较大，占区域总面积的56.93%，氧吧—泉水—地磁生态康养功能区包含药泉、卧虎山、药泉山和格拉球山等景区。

2017年，五大连池风景区接待游客163万人次，接纳国内外康疗和养老人员25万人次，占旅游总人数的15.34%，由于地理位置优势，俄罗斯康疗和养老人员9万人次，占康疗和养老人数的36%。有调查表明，37%的俄罗斯游客有4次以上到五大连池疗养的体验，这些重游的俄罗斯游客不仅自己会多次来到五大连池，还会将五大连池宣传介绍给亲朋好友，带来更多的游客，有75%的俄罗斯游客到五大连池旅游的主要目的是医疗养生，可见五大连池最吸引俄罗斯游客的特色还是医疗养生。

五大连池景区管委会应当利用生态产业开发模式，以生态康养功能区划为目标，充分利用氧吧、泉水、地磁等独特资源，大力推进五大连池森林生态康养产业的发展，开发经营品牌提高产品的"生态"溢价率和附加值。

八、沿海防护林防护功能生态保护补偿价值化实现路径

海岸带地区是全球人口、经济活动和消费活动高度集中的地区，同时也是海洋自然灾害最为频繁的地区。台风、洪水、风暴潮等自然灾害给沿海地区人民群众的生命安全和财产安全带来严重的威胁。沿海防护林能降低台风风速、削减波浪能和浪高、降低台风过程洪水的水位和流速，从而减少台风灾害，这就是沿海防护林的海岸防护服务。同时，海岸带是实施海洋强国战略的主要区域，也是保护沿海地区生态安全的重要屏障。

经过对秦皇岛市沿海防护林实地调查，其对于降低台风对社会经济以及人们生产生活的损害，起到了非常重要的作用。通过评估得出：秦皇岛市沿海防护林面积为1.51万公顷，其沿海防护功能价值量为30.36亿元/年，占总价值量的7.36%。其中，4个国有林场的沿海防护功能价值量为8.43亿元/年，占全市沿海防护功能价值量的27.77%，但是其沿海防护林面积为5019.05公顷，占全市沿海防护林总面积的33.24%。那么，秦皇岛市可以考虑生态保护补偿中纵向补偿的模式，以上级政府财政转移支付为主要方式，对沿海防护林防护功能进行生态保护补偿，使沿海地区免遭或者减轻了台风对于区域内生产生活基础设施的破

坏，能够维持人们的正常生活秩序。

九、植被恢复区生态服务生态载体溢价价值化实现路径

以山东省原山林场为例，原山林场建场之初森林覆盖率不足2%，到处是荒山秃岭。但通过开展植树造林、绿化荒山的生态修复工程，原山林场经营面积由1996年的2706.67公顷增加到2014年的2933.33公顷，活力木蓄积量由8.07万立方米增长到了19.74万立方米，森林覆盖率由82.39%增加到94.4%。目前，原山林场森林生态系统服务总价值量为18948.04万元/年，其中以森林康养功能价值量最大，占总价值量的31.62%，森林康养价值实现路径为就地实现。

原山林场目前尝试了生态载体溢价的生态服务价值化实现路径，即旅游地产业，通过改善区域生态环境增加生态产品供给能力。带动区域土地房产增值是典型的生态产品直接载体溢价模式。另外，为了文化产业的发展，依托在植被恢复过程中凝聚出来的"原山精神"，已经在原山林场森林康养功能上实现了生态载体溢价。原山林场应结合目前以多种形式开展的"场外造林"活动，提升造林区域生态环境质量，结合自身成功的经营理念，更大限度地实现生态载体溢价的生态服务价值化。

展望

根据研究结果/案例，在生态系统服务价值化实现路径方面开展更为详细的设计，使生态系统服务价值化实现逐步由理论走向实践。生态系统服务价值化实现的实质就是生态产品的使用价值转化为交换价值的过程。虽然生态产品基础理论尚未成体系，但国内外已经在生态系统服务价值化实现方面开展了丰富多彩的实践活动，形成了一些有特色、可借鉴的实践和模式。森林生态系统功能所产生的服务作为最普惠的生态产品，实现其价值转化具有重大的战略作用和现实意义。因此，建立健全生态系统服务实现机制，既是贯彻落实习近平生态文明思想、践行"绿水青山就是金山银山"理念的重要举措，也是坚持生态优先、推动绿色发展、建设生态文明的必然要求。

生态系统功能是生态系统服务的基础，它独立于人类而存在，生态系统服务则是生态系统功能中有利于人类福祉的部分。国内研究对于两者的理论关系认识较早，但迫于技术限制开展的研究相对较少，因此在现有森林生态系统功能与服务转化率研究结果的基础上，开展更为广泛的生态系统服务转化率的研究，将其进一步细化为就地转化和迁地转化。这也是未来生态系统服务价值化实现途径的重要研究方向。

（摘自：《环境保护》，2020年14期）

基于全口径碳汇监测的中国森林碳中和能力分析

王兵 牛香 宋庆丰

碳中和已成为网络高频热词，百度搜索结果约 1 亿次！与其密切相关的森林碳汇也成为热词，搜索结果超过 1200 万次。最近的两组数据显示，我国森林面积和森林蓄积量持续增长将有效助力实现碳中和目标。第一组数据：2020 年 10 月 28 日，国际知名学术期刊《自然》发表的多国科学家最新研究成果显示，2010—2016 年我国陆地生态系统年均吸收约 11.1 亿吨碳，吸收了同时期人为碳排放量的 45%。该数据表明，此前中国陆地生态系统碳汇能力被严重低估；第二组数据：2021 年 3 月 12 日，国家林业和草原局新闻发布会介绍，我国森林资源中幼龄林面积占森林面积的 60.94%。中幼龄林处于高生长阶段，伴随森林质量不断提升，其具有较高的固碳速率和较大的碳汇增长潜力，这对我国碳达峰、碳中和具有重要作用。

我国森林生态系统碳汇能力之所以被低估，主要原因是碳汇方法学存在缺陷，即推算森林碳汇量采用的材积源生物量法是通过森林蓄积量增量进行计算的，而一些森林碳汇资源并未被统计其中。因此，本文将从森林碳汇资源和森林全口径碳汇入手，分析 40 年来中国森林全口径碳汇的变化趋势和累积成效，进一步明确林业在实现碳达峰与碳中和过程中的重要作用。

森林全口径碳汇的提出

在了解陆地生态系统特别是森林对实现碳中和的作用之前，需要明确两个概念，即森林碳汇与林业碳汇。森林碳汇是森林植被通过光合作用固定二氧化碳，将大气中的二氧化碳捕获、封存、固定在木质生物量中，从而减少空气中二氧化碳浓度。林业碳汇是通过造林、再造林或者提升森林经营技术增加的森林碳汇，可以进行交易。

目前推算森林碳汇量采用的材积源生物量法存在明显的缺陷，导致我国森林碳汇能力被低估。其缺陷主要体现在以下三方面。

其一，森林蓄积量没有统计特灌林和竹林，只体现了乔木林的蓄积量，而仅通过乔木林的蓄积量增量来推算森林碳汇量，忽略了特灌林和竹林的碳汇功能。表 1 为历次全国森林资源清查期间我国有林地及其分量（乔木林、经济林和竹林）面积的统计数据。我国有林地面积近 40 年增长了 10292.31 万公顷，增长幅度为 89.28%。有林地面积的增长主要来源于造林。

表 1 历次全国森林资源清查期间全国有林地面积

万公顷

清查期	年份	有林地			
		合计	乔木林	经济林	竹林
第二次	1977—1981年	11527.74	10068.35	1128.04	331.35
第三次	1984—1988年	12465.28	10724.88	1374.38	366.02
第四次	1989—1993年	13370.35	11370.00	1609.88	390.47
第五次	1994—1998年	15894.09	13435.57	2022.21	436.31
第六次	1999—2003年	16901.93	14278.67	2139.00	484.26
第七次	2004—2008年	18138.09	15558.99	2041.00	538.10
第八次	2009—2013年	19117.50	16460.35	2056.52	600.63
第九次	2014—2018年	21820.05	17988.85	3190.04	646.16

图 1 显示了历次全国森林资源清查期间的全国造林面积，造林面积均保持在 2000 万公顷 /5 年之上。Chen 等的研究也证明了造林是我国增绿量居于世界前列的最主要原因。竹林是森林资源中固碳能力最强的植物，在固碳机制上，属于碳四（C_4）植物，而乔木林属于碳三（C_3）植物。虽然没有灌木林蓄积量的统计数据，但我国特灌林面积广袤，也具有显著的碳中和能力。近 40 年来，我国竹林面积处于持续的增长趋势，增长量为 309.81 万公顷，增长幅度为 93.49%；灌木林地（特灌林+非特灌林灌木林）面积亦处于不断增长的过程中，近 40 年其面积增长了 5 倍（图 2）。

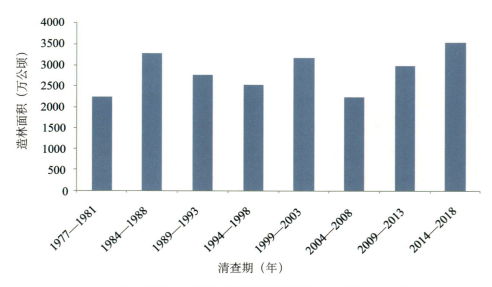

图 1 历次全国森林资源清查期间全国造林面积

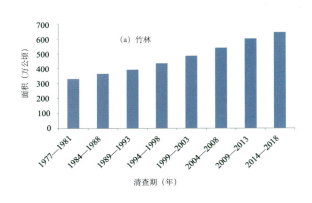
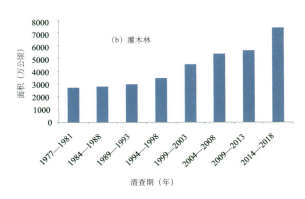

图 2　近 40 年我国竹林和灌木林面积变化

第九次全国森林资源清查结果显示，我国竹林面积 641.16 万公顷、特灌林面积 3192.04 万公顷。竹林是世界公认的生长最快的植物之一，具有爆发式可再生生长特性，蕴含着巨大的碳汇潜力，是林业应对气候变化不可或缺的重要战略资源。研究表明，毛竹年固碳量为 5.09 吨/公顷，是杉木林的 1.46 倍，是热带雨林的 1.33 倍，同时每年还有大量的竹林碳转移到竹材产品碳库中长期保存。灌木是森林和灌丛生态系统的重要组成部分，地上枝条再生能力强，地下根系庞大，具有耐寒、耐热、耐贫瘠、易繁殖、生长快的生物学特性。尤其是在干旱、半干旱地区，生长灌木林的区域是重要的生态系统碳库，对减少大气中二氧化碳含量具有重要作用。

其二，疏林地、未成林造林地、非特灌林灌木林、苗圃地、荒山灌丛、城区和乡村绿化散生林木也没在森林蓄积量的统计范围之内，它们的碳汇能力也被忽略了。图 3 展示了我国近 40 年来疏林地、未成林造林地和苗圃地面积的变化趋势。第九次全国森林资源清查结果显示，我国疏林地面积为 342.18 万公顷、未成林造林地面积为 699.14 万公顷、非特灌林灌木林面积为 1869.66 万公顷、苗圃地面积为 71.98 万公顷、城区和乡村绿化散生林木株数为 109.19 亿株（因散生林木具有较高的固碳速率，可以相当于 2000 万公顷森林资源的碳中和能力）。疏林地是指附着有乔木树种，郁闭度在 0.1~0.19 的林地，可以有效增加森林资源、扩大森林面积、改善生态环境的。其郁闭度过低的特点，恰恰说明其活立木种间和种内竞争比较微弱，而其生长速度较快的事实，又体现了其较强的碳汇能力。未成林造林地是指人工造林后，苗木分布均匀，尚未郁闭但有成林希望或补植后有成林希望的林地，是提升森林覆盖率的重要潜力资源之一，其处于造林的初始阶段，也是林木生长的高峰期，碳汇能力较强。苗圃地是繁殖和培育苗木的基地，由于其种植密度较大，碳密度必然较高。有研究表明，苗圃地碳密度明显高于未成林造林地和四旁树，其固碳能力不容忽视。城区和乡村绿化散生林木几乎不存在生长限制因子，生长速度更接近于生产力的极限，也意味着其固碳能力十分强大。

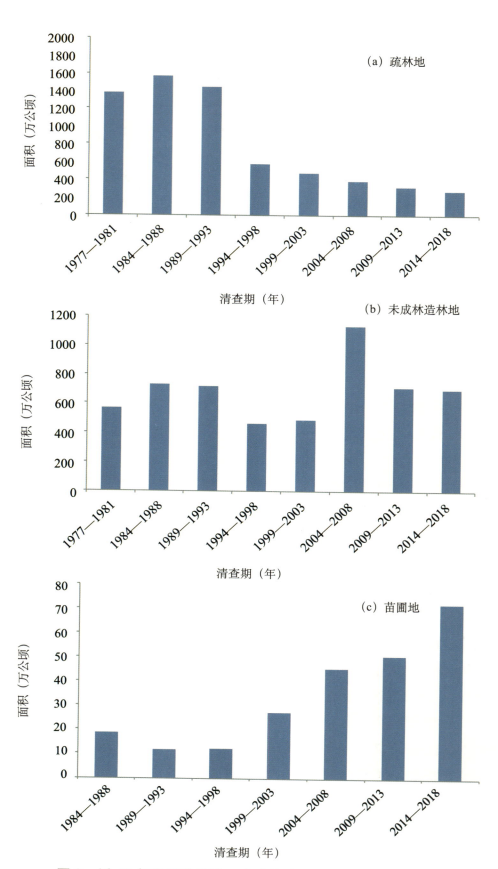

图 3 近 40 年我国疏林地、未成林造林地、苗圃地面积变化

其三，森林土壤碳库是全球土壤碳库的重要组成部分，也是森林生态系统中最大的碳库。森林土壤碳含量占全球土壤碳含量的73%，森林土壤碳含量是森林生物量的2~3倍，它们的碳汇能力同样被忽略了。土壤中的碳最初来源于植物通过光合作用固定的二氧化碳，在形成有机质后通过根系分泌物、死根系或者枯枝落叶的形式进入土壤层，并在土壤中动物、微生物和酶的作用下，转变为土壤有机质存储在土壤中，形成土壤碳汇。但是，森林土壤年碳汇量大部分集中在表层土壤（0~20厘米），不同深度的森林土壤在年固碳量上存在差别，表层土壤（0~20厘米）年碳汇量约比深层土壤（20~40厘米）高出30%，深层土壤中的碳属于持久性封存的碳，在短时间内保持稳定的状态，且有研究表明成熟森林土壤可发挥持续的碳汇功能，土壤表层20厘米有机碳浓度呈上升趋势。

基于以上分析和中国森林资源核算项目一期、二期、三期研究成果，本文提出了森林碳汇资源和森林全口径碳汇新理念。森林全口径碳汇能更全面地评估我国的森林碳汇资源，避免我国森林生态系统碳汇能力被低估，同时还能彰显出我国林业在碳中和中的重要地位。森林碳汇资源为能够提供碳汇功能的森林资源，包括乔木林、竹林、特灌林、疏林地、未成林造林地、非特灌林灌木林、苗圃地、荒山灌丛、城区和乡村绿化散生林木等。森林植被全口径碳汇＝森林资源碳汇（乔木林碳汇＋竹林碳汇＋特灌林碳汇）＋疏林地碳汇＋未成林造林地碳汇＋非特灌林灌木林碳汇＋苗圃地碳汇＋荒山灌丛碳汇＋城区和乡村绿化散生林木碳汇，其中，含2.2亿公顷森林生态系统土壤年碳汇增量。基于第九次全国森林资源清查数据，核算出我国森林全口径碳中和量为4.34亿吨，其中，乔木林植被层碳汇2.81亿吨、森林土壤碳汇0.51亿吨、其他森林植被层碳汇1.02亿吨（非乔木林）。

当前我国森林全口径碳汇在碳中和所发挥的作用

中国森林资源核算第三期研究结果显示，我国森林全口径碳汇每年达4.34亿吨碳当量。其中，黑龙江、云南、广西、内蒙古和四川的森林全口径碳汇量居全国前列，占全国森林全口径碳汇量的43.88%。

在2021年1月9日召开的中国森林资源核算研究项目专家咨询论证会上，中国科学院院士蒋有绪、中国工程院院士尹伟伦肯定了森林全口径碳汇这一理念，对森林生态服务价值核算的理论方法和技术体系给予高度评价。尹伟伦表示，生态价值评估方法和理论，推动了生态文明时代森林资源管理多功能利用的基础理论工作和评价指标体系的发展。蒋有绪表示，固碳功能的评估很好地证明了中国森林生态系统在碳减排方面的重要作用，希望中国森林生态系统在碳中和任务中担当重要角色。

2020年3月15日，习近平总书记主持召开的中央财经委员会第九次会议强调，2030年前实现碳达峰，2060年前实现碳中和，是党中央经过深思熟虑作出的重大战略决策，事关中华民族永续发展和构建人类命运共同体。如果按照全国森林全口径碳汇4.34亿吨碳当量折合 15.91 亿吨二氧化碳量计算，森林可以起到显著的固碳作用，对于生态文明建设整体布局具有重大的推进作用（图 4）。

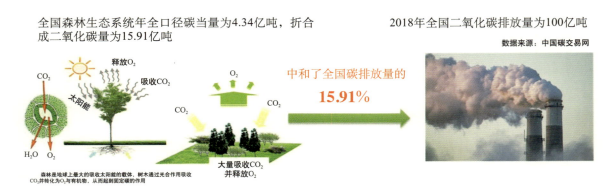

图 4　全国森林全口径碳汇的碳中和作用

2020 年 9 月 27 日，生态环境部举行的"积极应对气候变化"政策吹风会介绍，2019 年我国单位国内生产总值二氧化碳排放量比 2015 年和 2005 年分别下降约 18.2% 和 48.1%，2018 年森林面积和森林蓄积量分别比 2005 年增加 4509 万公顷和 51.04 亿立方米，成为同期全球森林资源增长最多的国家。通过不断努力，我国已成为全球温室气体排放增速放缓的重要力量。目前，我国人工林面积达 7954.29 万公顷，为世界上人工林面积最大的国家，其约占天然林面积的 57.36%，但单位面积蓄积生长量为天然林的 1.52 倍，这说明我国人工林在森林碳汇方面起到了非常重要的作用。另外，我国森林资源中幼龄林面积占森林面积的 60.94%，中幼龄林处于高生长阶段，具有较高的固碳速率和较大的碳汇增长潜力。由此可见，森林全口径碳汇将对我国碳达峰、碳中和起到重要作用。

40 年以来我国森林全口径碳汇的变化趋势和累积成效

近 40 年来，我国森林全口径碳汇能力不断增强。在历次森林资源清查期，我国森林生态系统全口径碳汇量分别为 1.75 亿吨 / 年（第二次：1977—1981 年）、1.99 亿吨 / 年（第三次：1984—1988 年）、2.00 亿吨 / 年（第四次：1989—1993 年）、2.64 亿吨 / 年（第五次：1994—1998 年）、3.19 亿吨 / 年（第六次：1999—2003 年）、3.59 亿吨 / 年（第七次：2004—2008 年）、4.03 亿吨 / 年（第八次：2009—2013 年）、4.34 亿吨 / 年（第九次：2014—2018 年）（图 5）。从第二次森林资源清查开始，历次清查期间森林生态系统全口径碳汇能力提升幅度分别为 0.50%、32.00%、20.83%、12.54%、12.26%、7.69%。第九次森林资源清查期间，我国森林生态系统全口径碳汇能力较第二次森林资源清查期间增长了 2.59 亿吨 / 年，增长幅度为 148.00%。从图 5 中可以看出，乔木林、经济林、竹林和灌木林面积的增长对于我国森林全口径碳汇能力提升的作用明显，苗圃地面积和未成林造林地面积的增长对于我国森林全口径碳汇能力的作用同样重要。同时，疏林地面积处于不断减少的过程中，表明了疏林地经过科学合理的经营管理后，林地郁闭度得以提升，达到了森林郁闭度的标准，同样为我国森林全口径碳汇能力的增强贡献了物质基础。

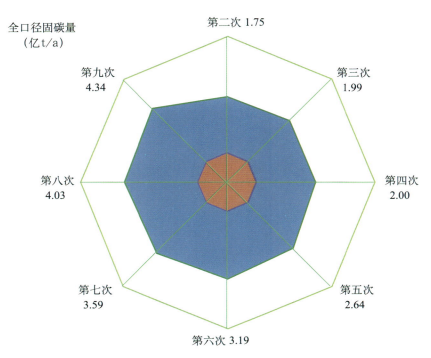

图 5　近 40 年我国森林全口径碳汇量变化

根据以上核算结果进行统计，计算得出近 40 年我国森林生态系统全口径碳汇总量为 117.70 亿吨碳当量，合 431.57 亿吨二氧化碳。根据中国统计年鉴统计数据，1978—2018 年，我国能源消耗总量折合成消费标准煤为 726.31 亿吨，利用碳排放转换系数可知我国近 40 年工业二氧化碳排放总量为 2002.36 亿吨。经对比得出，近 40 年我国森林生态系统全口径碳汇总量约占工业二氧化碳排放总量的 21.55%，也就意味着中和了 21.55% 的工业二氧化碳排放量。

结语

森林植被全口径碳汇包括森林资源碳汇（乔木林碳汇、竹林碳汇、特灌林碳汇）、疏林地碳汇、未成林造林地碳汇、非特灌林灌木林碳汇、苗圃地碳汇、荒山灌丛碳汇和城区和乡村绿化散生林木碳汇，能够避免采用材积源生物量法推算森林碳汇量存在的明显缺陷，有利于彰显林业在碳中和中的重要作用。基于第九次全国森林资源清查数据，核算出我国森林全口径碳中和量为 4.34 亿吨，其中，乔木林植被层碳汇 2.81 亿吨、森林土壤碳汇 0.51 亿吨、其他森林植被层碳汇 1.02 亿吨（非乔木林）。

森林植被的碳汇能力对于我国实现碳中和目标尤为重要。在实现碳达峰、碳中和过程中，除了大力推动经济结构、能源结构、产业结构转型升级外，还应进一步加强以完善森林生态系统结构与功能为主线的生态系统修复和保护措施。通过完善森林经营方式，加强对疏林地和未成林造林地的管理，使其快速地达到森林认定标准（郁闭度大于0.2）。增强以森林生态系统为主体的森林全口径碳汇功能，加强绿色减排能力，提升林业在碳达峰与碳中和过程中的贡献，打造具有中国特色的碳中和之路。

（摘自：《环境保护》，2021 年 16 期）

"中国山水林田湖草生态产品监测评估及绿色核算"系列丛书目录*

1. 安徽省森林生态连清与生态系统服务研究，出版时间：2016年3月
2. 吉林省森林生态连清与生态系统服务研究，出版时间：2016年7月
3. 黑龙江省森林生态连清与生态系统服务研究，出版时间：2016年12月
4. 上海市森林生态连清体系监测布局与网络建设研究，出版时间：2016年12月
5. 山东省济南市森林与湿地生态系统服务功能研究，出版时间：2017年3月
6. 吉林省白石山林业局森林生态系统服务功能研究，出版时间：2017年6月
7. 宁夏贺兰山国家级自然保护区森林生态系统服务功能评估，出版时间：2017年7月
8. 陕西省森林与湿地生态系统治污减霾功能研究，出版时间：2018年1月
9. 上海市森林生态连清与生态系统服务研究，出版时间：2018年3月
10. 辽宁省生态公益林资源现状及生态系统服务功能研究，出版时间：2018年10月
11. 森林生态学方法论，出版时间：2018年12月
12. 内蒙古呼伦贝尔市森林生态系统服务功能及价值研究，出版时间：2019年7月
13. 山西省森林生态连清与生态系统服务功能研究，出版时间：2019年7月
14. 山西省直国有林森林生态系统服务功能研究，出版时间：2019年7月
15. 内蒙古大兴安岭重点国有林管理局森林与湿地生态系统服务功能研究与价值评估，出版时间：2020年4月
16. 山东省淄博市原山林场森林生态系统服务功能及价值研究，出版时间：2020年4月
17. 广东省林业生态连清体系网络布局与监测实践，出版时间：2020年6月
18. 森林氧吧监测与生态康养研究——以黑河五大连池风景区为例，出版时间：2020年7月
19. 辽宁省森林、湿地、草地生态系统服务功能评估，出版时间：2020年7月
20. 贵州省森林生态连清监测网络构建与生态系统服务功能研究，出版时间：2020年12月

* 本套丛书中1~20种原丛书名为"中国森林生态系统连续观测与清查及绿色核算"系列丛书

21. 云南省林草资源生态连清体系监测布局与建设规划，出版时间：2021年8月
22. 云南省昆明市海口林场森林生态系统服务功能研究，出版时间：2021年9月
23. "互联网＋生态站"：理论创新与跨界实践，出版时间：2021年11月
24. 东北地区森林生态连清技术理论与实践，出版时间：2021年11月
25. 天然林保护修复生态监测区划和布局研究，出版时间：2022年2月
26. 湖南省森林生态产品绿色核算，出版时间：2022年6月
27. 国家退耕还林工程生态监测区划和布局研究，出版时间：2022年5月
28. 河北省秦皇岛市森林生态产品绿色核算与碳中和评估，出版时间：2022年6月
29. 内蒙古森工集团生态产品绿色核算与森林碳中和评估，出版时间：2022年9月
30. 黑河市生态空间绿色核算与生态产品价值评估，出版时间：2022年11月
31. 内蒙古呼伦贝尔市生态空间绿色核算与碳中和研究，出版时间：2022年12月